通信マドロスさんの人生航海記

～漁業通信士として世界の海に～

藤村 與蔵

目次

1　突きん棒船に乗る

山国育ちの私でしたが、昭和二十七年二月〜三月のアルバイトの後、電話級無線通信士の資格を取得、漁船に乗る事になりました。

何故かと言えば高校の成績は芳しくなく、気に入った仕事にもつけず、電話級無線通信士でも雇ってくれる船が沢山あったので、漁船乗組員の世界に入り込むことになったのです。

昭和二十七年十二月、最初の船は福島県いわき市の小さなトロール船(三十二トン)でした。その船は沖に出ればエンジントラブルや、怪我人などで巡り合わせが悪く、漁に恵まれず、三月の漁期を切り上げ後、帰って来てしまいました。次にお世話になったのは、大槌町吉里吉里の突棒船(つきんぼう船)でした。

このとき、宮古漁業用海岸局の局長が、

「藤村君、九月から三級通信士の講習会を開催するので、その船で海の事を少し覚えておきなさい、これから参考になることもあるでしょうから、まずその船で大漁して来なさい」と言ってくれたのです。

突棒船は、カツオ船や巻き網船のように、マストの高い所にトップと言って、目視で魚群を探す籠がつけてあります。突棒船は魚群と言う程ではないが、いずれメカジキ、マカジキなどを目視で、そのトップで見張り探索するのです。

さて、今日は船の整備を終えての初航海です。好い魚にあいたいものです。表舳先の一やぐらには銛を突く三人、それを補佐する二人が立って見張りをしています。

何がどうなのか、分からない私は日に三回、百字くらいの電文を釜石の漁業用海岸局に送ればよいだけですので、デッキに出て探索の手伝いです。一日目は漁獲は皆無で帰港、何にもしなかった割には疲れました。

港に入りアンカーをうち係船した後、船員室に入り先輩船員の講義を受けました。

「波と波の間にヒレを出しているのはメカジキ、さざ波の高い所に尾びれを出しているのはマカジキなんだ、そのうち分かるさ。巻き網やカツオ船では水色の変化でも探すんだが、俺たちは一匹見つけてそれを追っかければよいから」

二日目、マストのトップに登ってみました。トップの籠に入ってみても、まるでトンチンカン、あの広い大海原を見渡していれば、目が疲れてあいているはずの目に何も映りません、目を開けたまま眠っていたのです。

「面舵…面舵…ヨーソロ」

籠に一緒に入っている船員の声で、びっくりして目を覚ます。船はフルスピード、表の櫓（舳先）では船頭が銛を構えて方向を合図しています。

船頭の銛（もり）が飛ぶ、間を置かず、二番方も銛を突く、魚の動いた方向を見て船頭がスクリューに　銛の綱が絡まない様に会図、デッキでは標識をつけて浮き球を投げ込む。表櫓に代わりの銛をすぐ用意、辺りを旋回、魚のいる場所は潮境になっているところ、潮目に小魚が集まり、それを大きな魚が狙う、そんな構図になっているのです。水温を測り調査して船を走らせているのです。

今日はその適水をうまく当て、すぐにヨーソロの声が飛ぶ。この日は一二〇キロ超のメカジキ三尾、三〇キロ級二尾で帰港。

このメカジキの切り身を、市場で分けてもらい、早速御馳走になる。なんと美味しい事か、漁船に乗ってよかった、これが幸せと言うものでしょう。

先輩船員の言うには、「この時期のマグロは、ラッキョウマグロと言って、産卵の後なので、メカジキの美味さの比では無い」との事でしたが、そんなことはどうでも良く、ただ美味しさだけは覚えさせてもらいました。


この時期の三陸沿岸は、ヤマセという親潮、黒潮の境界、小笠原高気圧、オホーツク高気圧の境界線で霧が深く、即ち、濃霧の発生が多く危険の多い海域となります。昔から漁師の教訓として「時化は極楽霧地獄」とことわざになっているざれ唄があります。それは、時化になれば操業は休むけれど、霧となれば、見張りに神経を使い、波は穏やかなので操業は続ける事になります。その視界の悪い霧のため、衝突事故も度々起こるのです。衝突事故にでもなれば、視界が悪く発見してもらえず、地獄に行く危険があります。やはり、時化よりも、霧が危険と言う事でしょう。

なお、これは余談ですけれど、俳句の季語では霧は秋の季語だそうですが、三陸沿岸では夏に霧が多いのです。

この海域は沿岸航路の航海船が多く、濃霧の海での沖泊まりは危険ですのでひとまず母港に帰ります。

私とコック長だけ残り、明日朝七時出港と決定。この様な日々の繰り返しを過ごし、それでもお盆までにはそれ相当の実入りもあり、三日間の休漁、コック長と私だけが船に残る事に成りました。

この当時、アイオン台風、キャサリン台風により、国鉄山田線は不通でしたので釜石線を利用しての、三日の休みに二戸までの往復はかなり難しいので、私とコック長が残る事になりました。

通信長の私が地元の人であれば、コック長も家に帰りお盆を家で過ごす事が出来たでしょうが、私のために船に残り食事を作る事になりました。中学校を卒業したばかりのコック長には本当に気の毒でした。

そのコック長が昼時に、

「局さん大漁だよ。お昼はカゼ（雲丹）だよ」と言って昼近くに籠を背負って帰って来ました。

「つぶ貝は二つしか取れなかったね」と言って大きな笊にウニを移し、海水でざぶざぶと二回洗いバケツに移すとバケツ一杯になりました。雲丹は棘をうようよ動かしています。

お昼は簡単な味噌汁に、暖めご飯、この雲丹を割り、ちょっと醤油をさしてどんぶりのご飯に載せて食べる。甘くトロッとして、なんと美味しい事か。二人でバケツ一杯のウニを食べてしまいました。

ああ、これが災いの元、三時間くらい後に何と意識もうろう、猛烈な腹痛、お盆休み中の診療所の医者を緊急招集、何たることか休んでいる船主も船員も診療所の医師看護士さんも駆けつけて介抱してくれ、船員の皆さんもお見舞いに来てくれて本当に済まないことだとおもいました。

翌日は少しだるいけれども痛みは無いので、船主宅で軽いおかゆを頂くも異常ありませんでした。

船に行って休むと言いますと、おかみさんは、

「そんな馬鹿な、お盆中はここにいなさい」とお叱りを受けました。

御蔭様で皆さんに安堵してもらうことが出来ました。

お盆明けに乗組員も皆集まり、

「局長大丈夫か」異口同音に尋ねてくれます。

「はい大丈夫です、すみませんでした」

可哀想なのはコック長です。皆に叱られています。

「塩かぜ（雲丹）しか食った事の無い奴に生かぜを食わせるなんて、それに

しても二人でバケツ一杯食うなんて、全く馬鹿みたい、考えられない」などと。

「局長、だらしないぞ、あんな可愛い看護士が手を握っていてくれているのに、握り返せないいんだから、はっはっは」こんな冷やかしも受けてしまいます。


それでも、ああ良かった、お盆明けの出港が無事出来て、皆さん本当に有難う。

この時期はウニは抱卵時期で、人によりこのような中毒になる事があるそうだ。ウニを割ったときの白い液は卵だそうで、洗い流して食べるのだそうです。

そのアレルギーのために十年位は生ウニを食べる事ができませんでした。

こんな騒動がありましたが、何とか三カ月の漁期を過ごし、電話級無線通信士は一般漁船員の様に休漁期に浜のワカメ、ウニ、昆布などの漁も出来ないので、やはり三級以上の免許が必要と思い休暇を頂き、宮古の通信士補導所に入る事にしました。

補導所は漁業用海岸局の隣部屋、講師は無線局の局長、次席無線局員、東北電波管理局の方々が交代しながらの指導。この当時は国策で通信士養成が急務の時期でした。

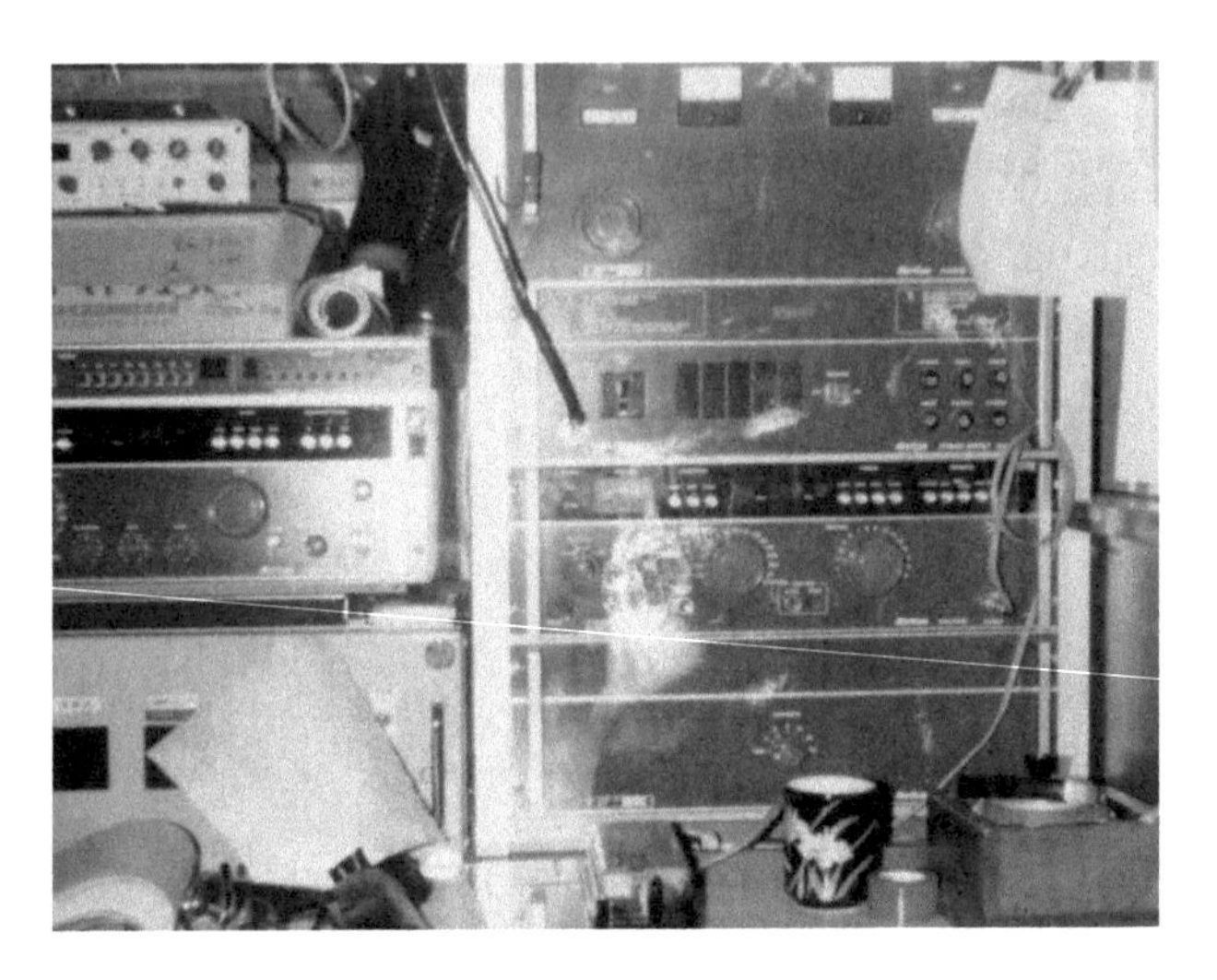

当時の無線通信機

2　千島中部サケマス流し網漁

三級通信士の免許を頂き、免許証との初航海、北緯四七度以南サケ、マス流し網漁に出ることになりました。

私の前任者は、お年寄りで引退間近の大先輩に乗ってもらっていたようでした。

実力もなんですけれど、資格が無ければどうにもならないのです。それで新人中の新人の私が乗船させて貰う事になったのです。

漁労長はベテランで、私みたいな海の事を知らない新人を何人も使って来たらしい方らしく、

「局長、天気予報をしっかりと取っておけよ。この時期のサケ、マスの漁況は丘に突っ込む時期なので、漁況交換は参考にならない訳ではないが、それ程気にしなくとも好いから。デッキに出て怪我すんなよ」の一言でした。

漁場は北緯四七度以南、千島列島オンネコタン付近の、南海域操業になります。

時は五月。サケ、マスが産卵のために生まれた川に遡上する時期です。千島列島の島々に遡上するサケ、マスもあるでしょうが、沿海州、カムチャッカ半島の東西の川、北海道、東北地方の川と広い範囲に大移動するのです。

この時期の千島列島の海峡を通過する魚群を狙っての、流し網での操業です。

「なんか、ここは西に潮が通っているようだなあ、少し拙いなあ」漁労長がつぶやく。

此のころはレーダーの付いている魚船は殆どなく、しかも位置確認は天測に頼るだけです。その天測も霧が深く、四—五日の内に位置の確認が出来ればよい方です。

今思えば大した勘を持っていたものと思われます。

島から十二海里に入ればソ連の監視船に拿捕されるのです。その十二海里、ぎりぎりの所に網を入れようとしているのです。

ブリッチからの「レッコー」の掛け声に「戎さん」と答えて投網開始です。

日付の変わる二十四時、スタンバイ揚網開始、魚は一反に二―三尾位のままあと言う漁模様です。揚網が進むにしたがって反当りの尾数も少しづつ多くなってきましたが、残念、力が抜けてしまいました。ソ連の監視船がやってきたのです。

銃を抱えたソ連の監視船の船員が内火艇を接舷して「ダワイ、ダワイ」と叫んで乗り込んで来ました。

仕方ありません、漁労長も観念して、

「局長、俺と二人ペートルに残るべ。仕方ねなえな、遭難して皆死んでしまうのを考えれば好しとしねえばなんねえがべ」

此の頃何でも通信士はスパイ容疑で、しばらく戻されないとの噂がありました。私も覚悟を決めました。

監視船の後を付いて北に向かいます。ソ連の船員がラットを握り操船します。

しかし、全く下手糞な操船です。

この季節には物凄く濃い霧が毎日襲うのです。その濃霧に下手糞な操船では何時、船の衝突事故が起こるか判りません。大変な監視船に捕まってしまったもんです。全速力で前進し、直ぐストップ。テレグラフを後進に指示します。全く大変です。

監視船も霧が深く、拿捕した私たちの船が右往左往しているのが気になって来たようです。

監視船がストップし、内火艇を下ろして上官と思われる船員が乗ってきました。そして海図を広げさせ位置を記入し、それより東にコースを書き記し、このようにして帰りなさいとの指示でした。

何はともあれ、解放されると言う事は何よりも大きい喜びでした。

解放されて三十分（三マイル）、東に航走後、コースを南にとり網を切って来た場所を目指して南下、網を探すことにしました。

でも、心配事があるんです。棒巻きと言う災難があるんです、汐の流れの悪い所に長い間網が入っていると、一本の棒のようになってしまうのです。鮭、マス流し網の一番の泣き所なんです。これを普通の網にほどくには大変な苦労です。船員の腕は「そろ腕」と言って、手首から二の腕にかけて腫れて動かしがたい腕になってしまいます。いかに腕が痛くとも網をほどかなければなりません。網の発見とその後の棒巻きが心配です。

この濃霧の中、上手く探し当てる事が出来るでしょうか、心配です。網船は網が無ければ、これからの操業は出来ないのですから、長い間準備し備えてサケ、マスを捕るための網に早くたどり着きたい。

「皆飯を食って置け。飯が終わったら、網探すぞ」

漁労長の命令でワッチの者を除き、急いで食事。食事の終わった者は舳先や、ブリッチの上に登って網に付けてある梵天を探します。

東西、南北とコースを変えて梵天旗を探します。

舳先の船員が「あったぞー」大声で叫び指をさします。スピードを落としますとすぐ横に網がありました。

「ああよかった」船員みんなの安堵の声が響きます。


漁の事より、早く網をあげて別の海域に移らねばと、皆一生懸命です。ああよかった。霧も晴れて西側を見れば、千島列島より一二マイル以上離れているようで、汐の流れにより東側に出たようです。

「こんな縁起の悪い所から離れ、いいところでやりましょう。」

幸いにも棒巻きの被害も無く、誰言うとなく会話が弾んでいます。

それでもかかって来た魚は粗末にする訳にはいかないのです。丁寧に腹を裂き塩蔵を終え、皆船員室に入ってきました。

労働で疲れたわけではないが、精神的に何か疲れたので、一日休んで国後、択捉の沖に操業海域を移し操業する事にしました。

拿捕騒動後三日操業すると、船腹も八割程度となり、今夜の操業を以って明朝の揚網後、釧路に帰港することにしました。

最終網上げ二日後に釧路に入港、海上保安部の事情聴取、検疫、水産庁等の検査も終わり、無事上陸出来る事になり、まずは洗面道具を持って銭湯に出かける事となります。銭湯から船に帰ると、明後日の水揚後、半分揚げて宮古に廻航するとの事です。

「ようし、今晩はバーに行ってソ連監視船の悪口を肴に飲んで来ましょう。」

船員達の日本に帰った安堵のつぶやきと笑顔がこぼれます。

釧路で半分の水揚げの後、直ぐ宮古に廻航、拿捕と云う事件の後なので、宮古港には家族の出迎えは何時もより多く、とも綱を繋いだサンドレットもニコニコしながら受け取り、とも綱もスムーズにとることが出来ました。目出度い事でした。

無事と言う家族と背負った良い土産　垂川

港に停泊中の大型漁船

桟橋で一時の団欒

3　オホーツクの鮭マスに挑む

落ちこぼれの私でも、二年もたてば、何とか一人前となり、頑張る事になっていました。

さて、今年はオホーツク海の鮭、マス、日魯漁業船団の独航船として参加する事になりました。

独航船の数は北海道、東北の各県からの三十隻です。

先ず、函館に集結です。現在は朝市かスーパーになっているらしいが、赤レンガの金森倉庫（かねもりそうこ）に各網会社が手配してある網を、各船が艫付けして並び網拓き（あみたき）をして積み込みます（網拓きとは、直ぐ操業できるように、二百反も一本に繋ぎ準備する）。

たいした重労働ではないので、適当なところで打ち切り、函館の街に繰り出し、日用品の買い足しや、見物がてら街をぶらぶらして過ごします。

一方、船長、漁労長、通信士は、操業の仕方、方法、ソ連との漁業協約などの注意事項の会議が行われ、又、船団としての注意も受けます。会議終了後、軽い宴席が設けられ、ほろ酔い機嫌で函館の夕暮れの街に放り出されました。ほろ酔いの船方を、あの歓楽街の街に放り出すなんて、母船会社も残酷です。いやはや、何でも不確かな筋の話によれば、日本全国の、その筋の女性達が、この函館に出張して来ているとの事、その辺の屋台にでも寄ると、作業服のボタンはともかく、袖もちぎれんばかりに引っ張られます。

「助けてくれ……」なんて叫んでいる船員もいます。

だからと言って、其の中に入って行こうものなら、多数の女に囲まれて、たちまち、こちらもミイラ取りがミイラにされてしまいます。

逃げるより仕方がありません。「逃げるが勝ち」病気でも貰って出港となっては大ごとです。

三日目、船団から小樽に向け出港する様に指示がありました。小樽は見た事が無いので、なにか楽しい事がありそうな気がしての出港です。積み荷など操業準備は全部完了しているので、小樽でも船団からの指示を待つだけです。

オホーツクの操業は初めてですので、各船の幹部にダメ押しの会議です。そこに日魯漁業の小樽支社の女性事務員達が、お茶のサービスに来てくれました。これが嬉しいけれど困りました。北国の色白のすべすべした肌を覗かせて、お茶を注いで回ります。この女性事務員達は何とも思っていないでしょうが、小樽の街に未練を残したくなります。

しかし、小樽に来たときは、どの船員も財布の中身は奇麗になった空気が残っているだけ。街に出てただぶらぶらするだけでした。

会議も終わり、街に出て見る事にしました。街は段々に段丘が続く奇麗な街ですが、この日の小樽運河は、ゴミと廃油が浮かんでいました。

可哀想な運河を眺めながら街を歩いていると、美しい若い女性がやって来てすれ違います。しかし、振り返る必要がありません。向こうから奇麗な女性、その又、後方から奇麗な女、首を回して振り返らなくとも良いのです。本当に楽しい目の保養でした。

後に、小学校時代の同級生にその事を話すと、

「いやはや、可哀想に、女を見る事のない所で生活しているから、女と言う女は皆んな神様みたいに見えるんだなあ、あははははあ」だって。

もう少し、柔らかく解釈してくれたら良いのに、くやしい……。

いくら小樽の女性が奇麗でも、漁船に乗ったからには魚を捕ることに専念しなければなりません。

小樽出港後、宗谷海峡通過までは、沿岸漁業の仕掛け網、仕掛けかごの梵天を見ながら北上、宗谷海峡通過後は一路カムチャッカ半島南端に向け、母船の後ろについての航行となります。今日の平成の漁船に比べれば、おんぼろ漁船、しかし船員は日本中の希望を背負った若者達です。

でも一つ間違えばとんでもない事になりかねません。各船幹部もこの船員たちを宥め乍ら、カムチャッカ半島南端ロパッカ岬西方沖に到着。母船から各船は操業の位置の指示を受け、勇躍操業開始です。

操業開始から半月ほどはかんばしい漁がありませんでした。張り切って操業を始めたのに、力が抜けてしまいました。それにアリューシャンに出漁した船は紅サケが大漁との噂を聞く事になり、がっかりしていました。

漁に関係ないソ連監視船の臨検を受けることもありましたが、各船とも事故も無く操業を続けていました。日増しに漁も多くなり、全く大変な事がやってきました。

昨日より今日、今日より明日と、日増しに漁獲が多くなってきました。

船団三十隻の船は皆大漁なんです。漁師の諺に「大漁に二日無し」と言う諺がありますが、そんな事を無視しお構いなしの連日の大漁です。

いやはや、皆へとへと、母船の作業員達もへとへとらしいです。そうこうしているうちに、母船もやり切れなくなって来てしまい、漁獲制限の通達がありました。一隻三千尾と言う事になりました。仕方ありません。入れ網を制限し、揚網時間を早めたりで、何とか協力する事にしました。大漁を心配するなんて、長い年月にはいろいろな事もあるもんです。でも大漁で悩む方が不漁で悩むよりずっと増しでしょう。

この時期、不思議な現象が起こりました。

夜、もやがかかった海が明るくなり、表マストはもとより、デッキを歩くと影が映る様な黄緑色に海が輝く現象です。この現象は、ニシンの産卵時期にあの江差追分という民謡にあるとおり、江差では網を上げられなくなるほど、大漁が起こるそうですが、大慌てで、魚がかかり過ぎて網が沈むのではと思い、直ぐ揚網にかかりましたが、心配する程の漁獲ではありませんでした。

この現象は、ニシンの産卵に関係あるかもしれません。ニシン漁などの時の、海のプランクトンなどが発光する現象かも知れません。マスの流し網では何の被害も無かったようです。

それでも、この盛漁期にはサケ、マスがうねりを作って押し寄せる事も度々。群れを避ける為に急いで網を揚げるなど、魚を捕るための網を、魚を避ける為に急いで上げるなど、八十歳を過ぎた今でも、あの苦労の日々が懐かしく思い出されます。


八月に入ると空も晴れ渡り、カムチャッカの万年雪を被った五千メートルを越える山々が輝いてみえます。山の名前は失念してしまいましたが、富士山の形をした姿を見せてくれます。

此の頃になりますと、漁獲も薄くなり、銀鮭の漁に移り、銀鮭が来ればもう切り上げも間もなくです。漁具も痛み、作業合羽の予備の物も修理箇所が目立ってきました。

日ソ漁業条約での規定量にもほぼ達し、のんびりした気持ちになります。

数日して母船より、

「今朝の水揚げで満トンとなりますので、切り上げとなります。水揚げの終わった船は母船のそばで待機して下さい」とのメッセージが伝わると、予期していた事でも、矢張り頬が緩みます。

魚の収容後は、航海中の食料、清水、燃料の補給を終え、母船よりのお祝いのお神酒を頂き、我が船の水揚げトン数確認に行っている船長を待ちます。

甲板では、ボースンが帰港中時化にあっても大事に至らぬように、指示しています。機関部も航海中遺漏の無い様に軽い整備を行っています、俺の持ち場のマニュアルには。一日四回の連絡、二七メガの送受信機のスイッチ入れておく事とあります。

ともかく、全船が無事故で操業終えて、全船揃って函館に入港できましたので、本当に目出度い事でした。

函館入港後は、検疫。海上保安部の聞き取り、水産庁の検査など。外国の港に入った訳でもないので、かたち通りの簡単な取り調べで直ぐ終了。

日魯漁業や網会社から、お神酒を貰い、直ぐ母港に向け出港します。

船長より、

「他の航海船とトラブルを起こさぬ様に、しっかり見張りをして航海をするように、家の近くに来ての事故は本当につまらないからね」の注意を受けての最後の航海。お陰様で、長い航海にもかかわらず、事故も無く終える事が出来ました。

船主よりねぎらいの言葉を貰い、無事の帰還を祝ってデッキにみんな揃い、湯呑みになみなみと御神酒を満たし乾杯です。地元の人は洗濯物抱えて直ぐに帰宅して行き、私みたいに家の遠い人は、少し粘って酒を足した後、銭湯、床屋に行って、男ぶりをあげる事になります。

翌日は昨日の酒が残っています。全員同じですが、次のマグロ延縄に必要ないものは、皆倉庫にあげます。

誰もが二日酔い気味で、ゆっくりした陸揚げとなりました。荷揚げの終わった空っぽの船体は、綺麗に洗ってドック入り。傷んだ個所を修理し、お化粧のペンキぬりをする事になります。

私の無線機は、異常はありませんでしたが、一先ず、無線機屋さんに見せて点検して貰う事にしました。そのまま船に置くと、湿気に侵される恐れが在るのです。

私は、船におっても、他の船員たちの様に役に立ちません。それを見た船主が、「おい、局長、家に行って来い、用が出来たら、連絡するから」と言ってくれました。土産には、汚れた作業着、寝具、土産魚を持って四カ月ぶりの帰宅。家についてみれば、何処か面わゆい感じの生活になりました。

次の漁の準備が出来るまで、飯を御馳走になり、のんびり、のんびりと、ビールを飲みながら、毎日次の出漁準備が始まるまで過ごします。

疲れとる昼寝の疲れとるビール　垂川

イカ釣り漁船はいつも荷物がいっぱい

4 マグロ延縄

北洋オホーツクサケマス漁の休みも終えましたが、夏休みなどと言っておられません。マグロ、サメ、延縄漁に出漁する事になり、準備に入ります。オホーツクの霧の中で、色白の男ぶりになったのに、夏の暑さと強い日差しに晒され、色黒となり出漁準備です。それでも酒場の女性は気にせず迎えてくれます。まあいい事にしましょう。

延縄と言っても、それぞれの漁労長の得意技があります。また、季節によって補れる魚、値段の良くなる魚など、漁労長は何を狙うでしょうか。

クロマグロ、メバチ、黄肌、ビン長、メカジキ、マカジキ。いやいや、サメ類だって疎かには出来ません。サメは奇麗な蒲鉾となって、皆さんの行楽のお弁当を、飾っているのですから。

北洋から帰って来て、北洋も大漁場でしたが、なんと言っても、世界の三大漁場、三陸沖で操業を始めます。

位置は皆さんも、ラジオの気象通報で聞いたことがあると思いますが、北緯三九度東経一五三度の定点気象観測船のいる付近海域に出漁する事になります。

当時の五〇トン—六〇トン級の船で冷凍機の付いているのは珍しく、殆どの船は冷凍機を持っていませんでした。各船とも、氷を積んでの出漁です。したがって長い航海は出来ません。

食料の野菜は、じゃがいも、ニンジン、ごぼう、玉ねぎ、その他乾燥野菜など日持ちのする物。この野菜や清水が無くなれば帰らなければなりません。したがって、二〇日前後で帰る事になるのですから、釣り針にかかってくる食料になる魚は腐敗し易い内臓を捨て、冷蔵する事になります。

野菜など無くなる前に、満船に近い船腹となるように頑張らなければなりません。だからと言って最初から、安いサメなどを余り捕ってはおられません。高級魚はメバチマグロ、メカジキ、マカジキ、黄肌マグロなど大量にとることが出来ればよいのですが、漁は水物です。今日も明日もそれで苦労するのです。

一般の方は、海にクロマグロが沢山泳いでいると思って居るかも知れませんが、どうしてどうして、私の乗ったS丸は一年で十尾内外でした。それくらい難しいのです。クロマグロだけ追いかけていると、何も取らずに一航海を終えるかもしれないのです。したがって、メバチマグロ、カジキ、黄肌マグロにサメ類なども混じえて取り込んでくる事になります。

漁船に乗っていれば、いつも美味しい魚料理を食べていると思うかも知れませんが、農家の方々と同じように、奇麗なリンゴや美味しそうな瓜は市場に出して出来るだけ高値で売るようにしているのと全く同じです。

でも美味しいマグロ、カジキなどの御馳走に不自由はしていません。海のギャングサメがいます。サメは高級料亭に高く買って貰おうと思っていますが、マグロ、カジキなどの美味しい部分を私達より先に、トロ部分、奇麗な赤みの部分を食いちぎった残りを渡されることは、数え切れないほどあります。

　サメよりも大きな集団ギャング団もおります。海の横綱、いや地球上で一番体格の大きい、クジラさえ恐れるシャチがおるんです。揚げ縄をはじめ、二十分くらいの時間、休みなく針の数にかかってくることがあります。今日は大漁だぞ、と思っていると、全くのぬか喜びにすぎないことが多々あります。すぐ船の脇を汐を吹きながらシャチが泳いでいるのです。サメが齧（かじ）ったのは私たちの食い分を幾らか残しているのに、シャチは、マグロの頭のくちびるの付近を少し残して、欠伸（あくび）をして船の側を泳いでいるのです。くやしいけれど、どうにもなりません。

　サケマス漁から、マグロに変わって一航海目は母港に水揚げ、二航海目、三航海目は、漁にもよりますが、さて、どこの港となるでしょうか。そんなこんな、いろいろあっても、二十日位たてば、船腹も八割位になり、食料の貯えも少なくなってきます。船主宛に「この縄揚げれば帰途に就く、入れ先知らせ」のメッセージと、魚種を含めた漁計の打電をします。

「東京に入れ」の指示電報があり、東京に向かいます。帰港中の電報は、「一路東京向け帰途中」のメッセージならよいですが、このころは西風の季節風に悩まされます。

「向かい風強くも変わりなく帰港中」などのメッセージの打電が多くなります。

この季節の房総半島沖の潮の流れは東に向かっての流れ、それにこの季節風の西風、全く船が進みません。朝、世界に誇れる美しい富士山を進路上に見て航行、しかし夕刻も進路上のほぼ同じ位置に富士山が座っています。

しかたありません。波風に逆らう訳にはいきません。それでも夕方になると「日暮れになれば夫婦けんかと西風は治まる」のことわざ通り、風も収まってきます。

凪（なぎ）となれば東京湾に入ります。東京湾の湾内の漁船に被害を与えないように気を使いながら航行する事になります。

船主宛の電報は「季節風で遅れ明日００時東京に入る」で、この航海を締め括る事になります。

岸壁に着けば、市場関係者、問屋、が乗り込んできて、漁獲物の種類やトン数などを聞き引き上げます。後は燃料、食料、各機器の部品の補給などをそれぞれの業者が来て聞いて帰ります。

どこの港も同じですが、船乗りには、毒なのか、薬なのか、見当つきませんが、美しい女性たちが、寒空なのに白い二の腕を晒して、マッチを持ってきて、船員の心を揺らし帰っていきます。

この女たちのためにあの時化の中を大漁で寝不足して働いた訳でもないのに、水揚げ後の夜はみんな苦労して稼いだお金はむしり取られてしまっています。

私が相当にモテた様な気がしていたのは、落ち着いて考えてみれば、何もわたし達がモテたのではなく、女達は一万円札の聖徳太子が大好きなだけでした。

何たる不覚。でも、毎航海その不覚を繰り返す事も本当に楽しく、生きている実感がそこにあったように思われます。。

陸に上がったマドロスさんにとって、女性は「惑わす」存在なのか？

5　時化は極楽冬の海

一月の海はとにかく荒れる。野島崎東方沖三〇〇マイル付近の海域は西よりの季節風、風速十五メートル位は当たり前。この海域に日本列島に沿って北上して来た黒潮海流と、南下して来た親潮海流が合流し東に向かう海域です。したがって、潮流が複雑になり、更に強い季節風と相まって、複雑な三角波を立てて危険な漁場となります。そんな海域ですが、そこには冷たい海で過育った脂の乗った魚が集まり、食べる前からよだれの出るマグロ類、カジキ類など海の男の見逃すことの出来ない漁場です。

東京出港三日目より操業開始予定が、時化のため操業できず、微速で風上に支える事になりました。支えると言う事は、風と波に向かい、微速でゴーヘーイ（前進）、ストップ、を繰り返し大波をまともに受けない様に船を操らなければなりません。それでも絶えず、「どっすん、どっすん」と大波が舳先を超え不気味に船を揺すり、ブリッチ、操舵室の窓ガラスを洗います。

この操船も長いときは二日以上続くこともこの時期はあたり前です。「時化は極楽」を決め込んでワッチの時以外の一般船員は、ゆっくりと長方形の箱状のベットの中で、入港中の不摂生を回復を兼ねたまさに極楽の休養になります。

現在私たちのいる海域より百マイルくらい離れている、海域の船のメッセージは、「凪よく操業中」「やや凪悪く操業中」などなのに、私たちは「昨日も今日も変わりなく支え中」なんです。

私達通信士は、海岸局に送るメッセージは大して重要でなく、その後の、漁況交換通信が大事です。

各船の位置、水温、漁模様、漁模様でも大漁している場所、沢山の船に来られても自船の延縄の入れる海域が狭くなるので、矢張り少しの駆け引きをして交信を出してきます。だからと言って、良い漁模様を各船にもおすそ分けしないのは海の男が廃るというものです。

それでも、その中から毎日の操業位置、揚げ終わりの水温、調査コースなどから考えて、この船はある程度の漁獲がありそうだ、などと判断をしてその船の海域に向かいます。

私が仕えた漁労長は、小学校高等科卒業なそうですが、学校時代成績優秀だったなどと聞いたことはありませんでしたが結構頭の良い人のようでした。

いつも他社のA丸の船頭は水産学校を優秀な成績で卒業したと言う噂を耳にしましたが、同じ海域で操業しても、帰港する頃になりますと、私達より少ない漁獲のようでした。よく漁労長は、

「馬鹿でも船頭は大漁さえすれば、名船頭だ。局長覚えて置け」

と言っていました。

天気図と相談しますと、どうも二〜三日時化が続きそうな感じがします。今の季節に凪よく、満足な操業もできそうにも無いので、あきらめて八丈島、小笠原諸島付近に向かう事にしました。

伊豆七島付近に到着すると、他県船も房総半島沖の時化に悩まされ、

「若い衆に怪我をさせてはお事だからこちらに来ました」

と言いながら船が操業しています。

「仲間に入れてください」

「どうぞ、どうぞ」

と、言う事で八丈島の東沖に陣取る事になりました。この海域は、小ぶりながら、メバチマグロ、黄肌マグロ、ビン長、カツオなど食いつきがよく、順調な操業が続きます。

この航海のあとに一航海を終えれば、宮古に帰らなければなりません。そんな訳で、釣り針に食いついて来た魚はヨシキリザメ、あおザメ、メジロザメ、マンタイ、泥棒の端くれみたいな名前の万引き（しいら）何もかも積込みます。サメを引き上げますと、掛け矢で頭を叩き付け、弱った所に馬乗りになって脳髄のあたりに血抜きの為出刃を差し込みます。そのサメの尾びれ、胸ひれを切り取り、腹を切り裂き肝臓をもぎ取り、肝臓は切り取ったサメの胃袋に入れ冷蔵し持ち帰ります。何でもサメの肝臓は栄養剤になるそうです。

海のギャングと言われるサメでも、入港後の市場のセリが終われば、粉々にすりつぶされ、綺麗に色付けされお花見のおかずになっているかも知れません。

切り取ったサメのひれは、廃品となった釣元ワイヤーをひれに通して、機関室の上のデッキの手すり等に掛け、天日干しにします。これはボースンが管理していてすべての航海の終わった後船員の収入となります。たいていは、作業着となって皆に渡されます。

「魚さん御免なさい。乱暴に扱って。でもこれで私達漁船員は、ご飯にあり付き妻子を養う事ができます。魚さんたちの死は生かされますので、有難うさんです。ご冥福を祈ります」

冬の海にもてあそばれながらも、二十五回の操業を終えて東京に入港。築地市場の岸壁に接岸。売り上げは思ったよりも良い売り上げでみんなホクホク顔です。サメのヒレは作業着などに変身して皆に渡されます。

さて、次の航海に備えて急ぎ出港です。水揚げの立ち合いに来た船主によれば、釜石の造船所で北洋サケマスに間に合う様に新造船を造っているとの事。船長は漁労長、一等機関士は機関長、それに、甲板員一人はボースンとしてこの船に残って貰い、他は新造船に移る事にするとの事でした。

最後の航海は、小笠原諸島まで南下、不慣れな漁場で漁もあまり芳しくなく八丈島付近まで北上、小鉢（メバチマグロの小ぶりなもの）小黄肌、カツオ、ビン長などにサメなど交え、一五回操業を終えた後に、「三月五日までに東京に入れ」の指示の電報を受けとった。船倉はまだがら空きでしたが、帰港する事になりました。


東京での水揚げも無事終わり、漁労長の指示により、小ぶりのビン長を一本づつ土産魚として残す。それに、各取引先にも、心づけを残すように指示がありなります。その他サメ喰いの傷物はボースンが適当に切り分け、冷凍紙に包み保存されました。明日十二時、宮古向け出港予定、それまでにお土産を買って帰ってくるようにとの事でした。

十二時前、皆帰って来ています。もやい綱を岸壁を歩いている人が解いて手を振って見送ってくれます。明るいうちに東京湾を通過。デッキは時化てもそこの無い様に片付け終えています。ワッチの人を除き、船洗いも終わり、船員室に集まり、漁労長からねぎらいの一言「ご苦労さんでした」。

何時もと変わらぬ一言のあと、ブリッジの神棚にお神酒を上げ、一年生船員のコック長の作った料理、豆腐の味噌汁、サメの喰い残したメバチの刺身、たくあんを肴にささやかな酒盛り。二十人に酒二升です。酔っぱらう程の酒盛りではありません。安全航海が第一ですから。

房総半島を躱し、航海は沿岸航路の貨物船などと同じ航路を取ります。凪の良い日は、沿岸漁業の小型船の操業に気を配りながら、少しのんびりとした航海です。船員室ではする事もなく、航海ワッチでない者は、将棋や座布団を一枚置いて、すり減った花札を出して勝負に興じています。

船員ものんびり、気ままな航海。福島県塩屋崎、金華山沖、さて間もなく岩手県に差し掛かる時航海ワッチが来て、

「霧だぞ、次のワッチが表に立つように」

「ああ、機関部も持ち場を離れるな」

スピードを半速くらいに落とし航走。幸いこの霧は三時間くらいで消えて安堵しました。

無線室では方向探知機で位置測定。予定通りのコースを走っています。沿岸漁業の小型船がちらほら見えます。すぐ傍を通過しますと、手を振ってくれます。

トラブルも無く、閉伊崎を無事通過。午後三時宮古港岸壁着。事務所の迎への人たちがもやい綱を結び、サンドレットを投げ渡し、表、艫綱を確り舫う。岸壁には、船主家族、船具屋さん、各機器の取り扱い業者、ドックに備えるための造船所の職員、入港前にも話してありますが、漁労長機関長、ボースンの明日の予定の話をして解散です。

家庭のある人は入港祝いの乾杯を終えてすぐ、迎への奥さんや子供に軽く洗濯ものなど持たせ帰宅します。独身者は船番です。その船番は誰も彼も落ち着きません。五～六人に残っている船番も一人、二人と、

「局長、風呂に行って〇〇屋に寄ってきます」。

私に断ってもしょうも無い事ですが。私だって、今に出て行くのにと思いながら、

「ああそうかあ、俺も後で行くから」。

私をはじめ皺のある一張羅の、外出着を着こんで勇躍出かけます。明日の切り上げの漁具、各機器の修理のための作業が沢山あります。余り深酒で二日酔いをしないように、夜十一時頃までには帰って来たようでした。

朝八時、朝食の支度も出来たようで、顔を洗う人、洗わず、そのまま飯を盛ったどんぶりと仲良くする者、男所帯は気ままです。気にしなくてよいです。

九時、会社の小型トラックが岸壁で待ち受けています。陸揚げするのは、操業に使用した梵天用の竹竿、浮きのガラス玉、延縄三五〇枚（三五〇鉢）、トラックが倉庫と船の間を一日中往復して、夕刻までにデッキの漁具はほぼ片付け終わりです。

明日は操業に必要な機械類の修理点検のため、それぞれの工場にお願いの陸揚げ、私の無線機も大して異常がないはずだが無線屋さんに点検をお願いしま

した。

切り上げ、それに、新造船に替わる事になるので、あれこれと小さい修理不要なものなど忘れ物が出てきます。それでも夕方までに､何とかケリをつけて、明日のドックを待つ事になりました。


朝九時、全員集合。造船所の二艘のボートに三人づつ乗り右舷、左舷、喫水線の水苔を洗い落とします。と言っても、ゆらゆら揺れるボートでは余り芳しく落ちませんが、上架するまで少しでも、綺麗にして置こうと洗います。

一方、船台にはペンキを塗り、お化粧を終えた船が大漁旗を立て進水を待っています。造船所作業員の乗ったタグボートも待っています。本船にも造船所の作業員が二人乗り込み、準備を指示します。船台に乗った船がするするっと滑って来て海に浮かびました。それをタグボートが曳いて少し離れた場所に止まり錨を打たせて進水船を離れ、本船の上架の様子を見ています。本船が上架するのに、右に左にロープを人力で引いたり緩めたりで、船台の乗ったレールに真っすぐなる様船を調整し、船台の下りて来るのを待ちます。船台が下りて来て難なく船の下に入り、作業員の「ＯＫ」の合図と巻けの手まねで、静かに陸に揚がって仕舞います。揚げ終われば、造船所の強い散水で、船洗いをして、貝の付着など取り除き奇麗に洗い流します。無事に上架も終わり、寝具は会社の船員の寝泊まり用の、番屋に運び今年のマグロ延縄の航海は終わりあとは清算だけです。

「明日昼から勘定しますので、今日はご苦労さんでした」。

船主よりの通達です。今晩は番屋で休むことにします。新造船が完成するまで、まだ半月以上掛かるらしいです。呼び出しが来るまで、のんびり過ごします。

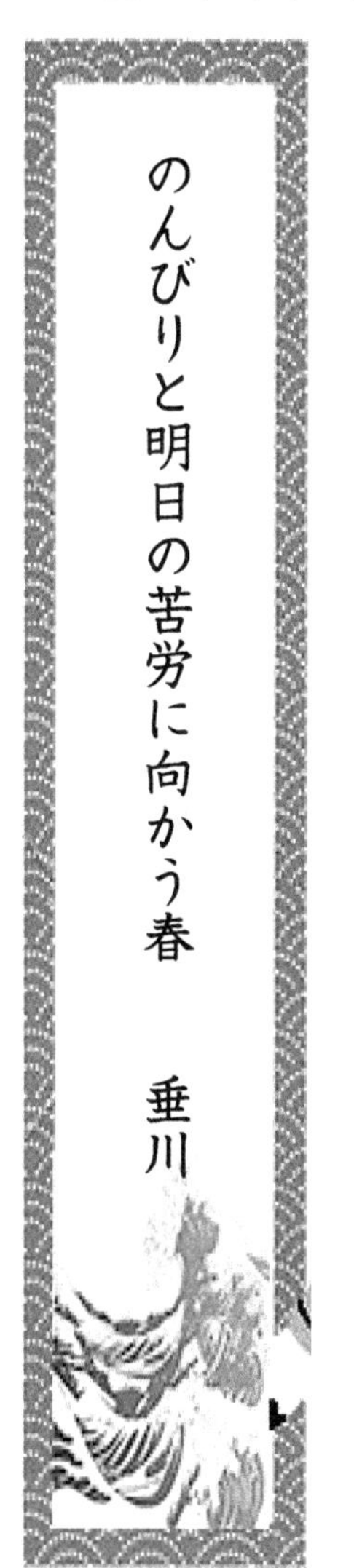

岸壁で停泊中のイカ釣り漁船

6　アリューシャン小唄

船の上架も無事済み、マグロの清算もして貰い、自宅に帰って十日ばかりの休んでいるところに、船主よりの電報で釜石に行き、新造船の艤装に立ち会う事になりました。艤装に立ち会うと言っても、立派な設計図の変更などはあるはずも無く、送信機と、受信機の位置を右と左に変える位で、私などの口を挟む必要も余りありませんでした。

鋼船の新造船は八五トン、レーダー付き。それに無線送信機も百ワットの装備、エンジン三百五十馬力、これなら十五ノットくらいのスピードが出そうな気がします。

しかし、困った事もありました。艤装中の賃金は月三千円です。出港時まで、この血気盛んな若者の懐のやりくりが大変です。それでも、古い船員に言わせれば「御の字」との事です。昔は船で飯を食わしてもらっただけで、新造船に乗る人はただ働きだったそうですから。

船員の多少の入れ替わりもありましたが、難なく船の各部分の整備も終わり、海運局、海上保安部、電波管理局などの検査も無事終わり、函館で水産庁の検査が終われば、日魯漁業船団の独航船としてアリューシャンに向かうだけです。

この頃アリューシャン小唄がネオン街で唄われていました。替え歌もいろいろあったようです。もっと以前から、別の歌として唄われていた歌かも知れませんが、八十歳を超えた今でも、宴会などで懐かしくカラオケに向かい、だみ声を張り上げて唄っています。

逢わぬ先からお別れが
待っていました　北の町
行かなきゃならないアリューシャン
行かせたくない　人なのに

まあ、こんな歌に騙されて出港前の酒場をうろつき歩くことになります。うろついているうちに準備も進み、函館に向かう事になりました。

函館では例年通り各船の幹部を集めて水産庁の注意事項、出港時には各船団が一斉に港の出口に殺到しますので、衝突を起こさぬように十分注意する事、その他船団長からの要望事項を伝えて軽い親睦会。各船の船員も前年に習い準備は万全です。


五月十日、それぞれの船団の出港時間は決められてあるのですが、何しろ早く漁場に着きたい、漁船は他船が錨を巻き始めれば、一斉に錨を巻き上げ、港湾の出口に殺到します。

汐首岬を躱す頃までに、ようやく母船が前に出て、方位電波を発射して、船団の船列を整えて、襟裳岬を通過、花咲半島納沙布を通過、この付近より例年と変わりなく、霧が深くなります。アリューシャン小唄にもありますが、北海道開拓時の苦労をしのばせる唄。

霧に埋もれた歯舞にゃ
死んだ親御の墓もある
飲ませてやりたやつきなさけ
あなた代わりに注がせてね

千島列島北方領土の、歯舞沖沿いに北上することになります。あまりにも深い濃霧に襲われますと、舳先に船員が見張りに立つことになります。

海水温度二度～四度。本当にお気の毒に思いますが、これを怠れば船員二十一人の命にかかわります。それでも、この時期は列島沿いに南下する船も無く、ただ、千島列島に近寄れば、ソ連のトロール船が操業しているでしょう。少し東寄りに航路を取れば大圏航路でバンクーバー方面に向かう船、バンクーバーから日本に向かう船もあるが、どちらにも邪魔しない様に、されない様に母船の後に付き航行します。函館を出港後、少しずつ操業準備をしながら、体を労働に慣らす様にベーリング海峡に差し掛かります。この海峡はいつ来ても濃霧です。レーダーにアッツ島が写っています。
ジリンージリンー、スタンバイのベルが鳴り、船員が何事かと跳び起きてきます。この時代の船員たちは、アッツ島の玉砕を皆が知っています。いや、身内や従弟で戦死した方もあったようです。僚船の汽笛も霧の中から聞こえてきます。戦争で引き起こされた悲劇とは言え、本当に悲しい事です。

霧に埋もれたアッツ島
海の狭間を超える日は
島の御霊に手を合わせ
熱い涙を流します

この歌は、その時私に浮かんだ替え歌です。
ベーリング海は低気圧の墓場と言われ、低気圧と言う低気圧をはじめ、台風も温帯低気圧もベーリングの海に向かって北上し、低気圧の一生を終えるのです。

それでも、夏のベーリング海は至って穏やか、時化でも波は四メートル位が大時化です、しかし、鮭マス流し網船には少しの時化でも危険です。三百三十反、それに予備網五十反位、後部デッキに積んであり、揚網時に不完全な積み方をしてあると、時化に会えば積んだ網が崩れ、船がバランスを失い転覆の恐れがあるのです。しかも、流し網のため造った船はバランスよく造ってあるが、他の用途に造った船は改造してもどことなく不安定なバランスになりがちです。

さて、操業開始となりますと、先ず燃料の補給を受けなければならない船もあります。母船に接舷して補給を受けるため、三十隻各船とも母船付近に停泊。五マイル間隔になるように母船から独航船が配置の指示を受けます。各船とも自船の指定された位置に向かって航走開始、隣に並ぶ船の位置、東西南北をレーダー、方向探知機で電波測定、各船で確認し合い、ＯＫとなれば投網開始です。

一回目の操業、私も興奮しているのか、トイレを済ましベットに入っても眠れません。

「局長、十時過ぎたけれど、日が暮れませんね」

「うん、北洋は日が暮れないで、白夜で夜が明けますから気にしないで、時計に合わせて」

ワッチの航海士と二～三言葉を交わして床につきました。朝一時、スタンバイのベルが鳴り全員起床、と言っても私はあと一時間眠ることが出来ますが、目が覚めてしまいますので揚網の具合をブリッチから眺めます。一反当たり三尾これはゼロ、これは五尾数えて十反で三十尾か、「千尾貰えるかな?」などと思いながら再びベットにもぐり込みます。

「局長、時間だよ」

舵を持って揚網している船長から無線室の私のベットに声が掛かります。

「はーい、どうも」

でも、私もすでに、目覚まし時計に起こされて送受信機のスイッチを入れてあります。

午前二時QRY（順序通信、国際無線通信用語）の時間です。一番船から順番に、揚網反数、現在までのおよその漁獲尾数、各魚種の割合、（紅サケ、白サケ、マス、銀鮭）を報告します。この頃はまだ、銀鮭は回遊して来ていないので、報告には入りませんが、アリューシャン海域は紅サケが大部分を占めるので、鮭鱒流し網漁船には宝の海です。

しかし、同じ海域でも、好漁、不漁の差が出て来ます。たった、五マイル離れただけでA船は三千尾、B船は三百尾などいろいろです。これが漁師の哀しさであり、面白さでもあります。

母船としては、切り上げ時までに、海区を調整して、操業を続けさせますが、どこがどう違うのか、毎日の操業にも差が出て来ます。運なのか、操業の技なのか、私は技と思っていますがどうでしょうか。

操業開始してから二か月ばかりしたある日、突然悲報が入って来ました。私と自炊し、文字どうり寝食を共にした今野君の乗った船が沈没したとの事です。

今野君は釜石港に所属する船に乗ったことは知って居ましたが、船に乗ってからは不思議と互いに連絡し合ったことはありませんでした。母船からは、「長英丸が事故で沈没したので、各船とも積み荷などに留意して操業する様に」の注意事項があっただけで詳しいお知らせがありませんでしたが、他船団の独航船から、漏れ聞くところによれば、今野君はデッキまで出たそうですが、船とともに消えてしまったそうです。「ナムアムダブツ」と合掌。


操業の網も、連日の操業に疲れてだいぶ破損個所が目立ってきました。又、切り上げ間近の知らせを持って銀鮭がちらほら姿を見せてきました。

「間もなく切り上げだね」

などという会話が船の中、いやいや、無線通信の交信の会話にも入ってきます。銀鮭ばかりでなく、各船団も予定トン数がほぼ、満トンに達しかけているです。着ている服、肌着、夜具、少し多めに持って来たパンツも茶色に変色しています。夜具もお付き合い見たいに黒光りしております。漁も次第に枯れて来て、銀鮭七~八割となってきました。予定トン数も明日、明後日となって来ているように独航船も感じる様になり、船員の気の弛みに注意しなければ。

その後数日して、朝一番のＱＲＹの時間に母線より、各船宛通報は。

「ホンジツヲモッテ、キリアゲトナリマスノデ、ニアゲノオワッタフネハ、ボセンノソバデタイキスルヨウニ」

まあ、船団としては、エンジントラブルで二日ばかり休漁した船が、二隻有っただけで、大きな事故も無く過ごした訳で「めでたしめでたし」と言う事で漁期の終了を迎え、後は函館、そしてそれぞれの母港に無事到着を願うだけです。切り上げの日は母船から祝い酒を貰い、燃料の補給、清水、野菜などを受け取り、後は漁獲の確認に行った船長を待っています。

帰りの航海中に網の解体、浮き、身網、足（鉛の付いたロープ）と分解します。尚、使用しなかった網は持ち帰り、網会社に返品、または預かり、となります。土産魚は、切り上げ時箱詰め塩蔵白サケをハッチに取り入れてあります。

函館入港時は、八時半頃から検疫、水産庁の検査、独航船は外国の港に入った訳でもなし、病人も無いので、型どおりの手続きもすぐ終わります。

水産庁の検査が終わればすぐ母港に帰れるのですが、母港の入港時を調整して、朝八時～九時頃入るように函館を出港します。入港すれば、何といっても祝い酒を船団、網会社、船主、その他取引先、ともすれば飲み過ぎて、事故のもとになるこの酒はブリッチに適当に分けて、船員室の食堂に回してやります。


恒例のことですが、港に入ればどこの港でも可愛らしい女性たちがどこからともなく岸壁に姿を現します。夏の暑い盛り、ひらひらと夏衣装で肌を露出させ、目の毒か目の保養になるのか考える余裕もなく、私たちは、今日中に宮古に向け出港する事になっています。

各種検査、手続きも終わり、一張羅の作業服に着かえ、四カ月振りの、土を踏みます。岸壁を見渡しますと、他船の船員も同じように、嬉しそうに歩き回り、アイスキャンデーを舐めている人も見かけます。

入港手続きも難なく終わり、家族からの手紙を出迎へに来た船主から受け取り、目じりを下げている船員もあれば、病気の家族の便りにしずんでいる船員もあり、正に悲喜こもごもの再開となります。

函館を出港し、夏の津軽海峡は凪よく、何の障害も無く無事宮古入港、夕方までにほぼ漁具などの荷揚げも終了。一日休んで釜石の造船所に回航する事になりました。造船所に回航しても私にはさほど用事も無く暇。暇なセールスマンと当たり障りのない話をして過ごします。

それでも、上架が終わるまで船にいなければなりません。夜は人恋しくなり、沖にいる間はお互いに無精ひげ、遠慮の無い男たちの会話しかない世界にいるのですから、オクターブの高い女性の声が聞きたくなります。

「局さん、あさひ町に行きましょうよ」

操機長の川村君の案内で、あさひ町を探検する事になりました。あさひ町をまわり、とりあえずと言うわけでもないが、『浜ノ花』と言う店に入りました。

「いらしゃい、ご苦労さんでした」

「あれ？　まりちゃん、どうしてここに」

「八戸にいられないよね、あんな男に振られて、海に飛び込んだから、恥ずかしくて」

まりちゃんは静かに語りだしました。

「私、失恋して厳寒の海に飛び込んだの。近くにいた川村君に助け上げられ、生まれたまんまの裸姿で毛布くるまれ、ストーブで温めてもらったの。翌朝タクシーで家まで送って貰ったんだけどほんとに恥ずかしくなって。お店に来るお客さんを見ていても、あの人より程度の低い人いないのに。でも、そんな人に命を懸けた馬鹿な女なんです。本当に恥ずかしい」

こんなに悲しい体験をしたまりちゃん。知能の方は分かりませんが、前後左右、どこから見ても稀に見る美人です。

「何でその男、貴女みたいな素敵な人を振ったんだろう？」

「私の家は、子沢山で貧乏しているからでしょう。いくら貧乏していても、人の物かすめ盗った事も無いのに。その後彼は私の知っている人と結婚したそうだけど、その嫁さんには逃げられたそうですよ」

まりちゃんで無くてももてあそばれ、捨てられた恨みは一生忘れることは出来ないもの。地獄の底に落ちればいいのよと思いたくなる気持ちも分かります。

まだ、宵の口。お客さんも少なく、川村君と私の間にもう一人のホステスが入り座ったので、まりちゃんとの話はそれで打ち切り、他愛の無い痴話ばなしに変わり、九時過ぎ船に帰り休みました。

純情な娘も、こうして嫌な思いを積み重ねて、あばずれ女になり、悪女のレッテルを張られたという話も聞いたことがあります。彼女だけはそうならないことを祈ります。

船も無事ドック入りをし、ひとまず宮古に帰り北洋の清算をして貰い、一カ月ばかりの休養に入ります。家に帰る前に、漁業用海岸局を表敬訪問して、北洋での、楽しい事、苦しい事トンチンカンな失敗などの報告をし、笑ったり、笑われたり、今野君の哀しい事故の顛末を聞き、船乗りの私達、いつ我が身に降りかかる事かも知れません。注意反省し合いました。釜石の船に乗っている佐々木君も来ていて、今野君の船は、改造の仕方が悪かった話も出ましたが、もうどうにもならない事でした。

出漁している漁船との連絡も一段落して、次席の通信士にワッチを渡し、海岸局局長が出て来ました。

「おお、にぎやかだね、藤村君。塩釜で二級の講習があるから、行ってみないかね。斉藤、安達にも話してあるがね、行きなさいよ、北洋も国際通信をする形になってきているので、鮭鱒も三級では乗れなくなるかも知れませんよ」

海岸局局長からのありがたい忠告です。

「先生、では手続きお願いします」

「では手続きしておくから、船主に話して置きなさい」

「はい」

と言う事で挑戦することにしました。

「藤村君、水戸屋で三時から少し飲んで同級会としませんか」

佐々木君の発案です。しかし、宮古に家の無い私にすれば三時までの時間は長すぎます。すし屋によって海苔巻きを作って貰い、浄土ヶ浜に行って見る事にしました。夏の浄土ヶ浜と言っても、休みの日でもなく人もまばらで、おばあさんと、就学前の子供連れの若い母親との三人で何か見つけているようでした。

一人では浄土ヶの見物もさほど感じる事も無く、海苔巻きを食べた後、ぶらぶら帰ります。間もなく三時か、いやいや始まりは宮古時間でしょうなあ。

「こんにちは」

と言って入ると

「いらっしゃい、あら、お帰り、お元気そうで」

「まだ誰もきてないの、宮古時間だからね」

「うんまだですよ」

誰が来ようと全く眼中にないようです。酒を飲んでくれるお客さんが来てくれれば良いのでしょう。

「ビール？」

「はいとりあえず」

八方美人？といわれているチカ子さんが来て座り、ビールがコップから溢れるほど注ぎ、

「あら、ごめんなさい」

「なあに、ビールこぼしてじゃんじゃんお代わりさせるつもりでしょ、商売上手だね」

「まあ、ごめんなさい。あのね藤村さん、私結婚するときは、舅、姑さんのある人とすることにしたよ。だって三人も、四人も男知っているでしょ。舅、姑さんがいれば守ってくれるでしょう。この付近で一人で暮らして、旦那さんが長期航海で留守中に、その男たちに言い寄られたら私断る自信ないもの。義親がいれば、男の人達も寄ってこないでしょ。それに私子供もいるでしょ。おじいさん、おばあさんに、なつけば可愛がって貰えるでしょ」

「うん、それがいいかも」

私としては、何と返答してよいのか思い浮かばないので、あいまいな言葉で濁すより仕方ありません。可哀想に、この人も男にもてあそばれて苦労している女と感じました。

それから数日して、二級の講習に行く事にしたので、次の通信士との引継ぎをし、船主に挨拶。船員たちにも別れを告げに今の船に乗る半年前までお世話になっていた船のみんなに別れの挨拶に寄ると、土間で飲んでいた船員の中に交じって飲むことになってしまいました。操機長の川村君は、

「局長さん、水戸屋のチカ子と一緒になる事にしました、チカ子は年上でこぶ付きだけれど、仕方ないです。夕べ親たちに話しました。親父は少し渋っていましたがね」

「なあに、お互い大事にし合えば、上手くいくよ」

何かの小説で読んだ事のあるセリフを言って励まして、その水戸屋に少し借金があるので寄ってみた。その時、チカ子さん何時もよりも幸せそうにニコニ

コ顔で出迎えてくれました。

「藤村さん、いらっしゃい。ビールね」

「うん、俺ね船降りたので、借金払っていきます。なんぼあるかな」

「ママさん、藤村さんオアイソだって」

「チカちゃん、川村君と一緒になるんだって?」

「はい、私も今日でここをおいとまします。お世話になりました」

「それじゃ、川村君と仲良くね。川村君の両親とも仲良くしてね」

チカ子さんとはそれ以後会う事はありませんでしたが、船降りて十五年くらい後、花巻温泉に来たついでだからと言って川村君が我が家を訪ねてくれました。その際チカ子さんとの電話での会話を聞いていると幸せそうでした。

幸せは前見て進む人に惚れ　垂川

マリちゃんが暮らしていた八戸港周辺（当時・工事中）

7　明日は我が身の遭難騒動

二級の講習も終わり、試験と言う事になりました。通信実技は毎日やってきたことだからまず心配なし。電波法、無線実験、無線学、国際法規などの内、一番心配なのは英語でした。私は一応高校を卒業しているのに英語は不得意中の不得意科目。その他は発行されている参考書などを見ますと大丈夫だろうと思っていました。

試験当日の英語。ＥＥＬと言う単語が出て来ました。さあ、困ったと思ってみますと、鮭の川上り、川下りに出てくる言葉が綺麗に並んでいます。ＥＥＬを鮭の文字を入れるところに入れて訳し、答案用紙を埋め、英作文は適当に、と言ってもＱ符号と言って英語を知らなくとも世界の海岸局と通信できる国際条約に決められている文を写したような作文を書いていますと、どこからともなく「ウナギ」という声が聞こえてきました。そうか、ウナギの川下りか、ウナギの川下りは何かの本で読んだ記憶があります。EELをウナギに書き直し解答を書き終えほっとひと安心。

臨時の一次試験、二次試験も無事終わり、ささやかな解散パーティーが開かれ大半の人はそれぞれの船に帰っていく事になっているらしい。

「藤村君、次乗る船決まっているのか」

大先輩の船木さんが寄って来て声をかけてくれました
「いいえ、まだ決まっていません」

「そうか、すまないが俺の代わりに釧路に行ってくれないか。良い船主だから」

「はあ、いいですよ。どこに行っても俺は漁船にしか乗れないですから」

話が決まり、住所と氏名を書いて渡して生家に帰りました。間もなく、釧路から手紙がきて、四月十日までに赴任するようようにとの指示です。

準備と言ってもさほどの事も無く、いつも通り前の船で使用した布団を一畳幅、長さ五尺八寸(176センチ)程に作り直してもらう。ゴム合羽は現地調達、作業着は洗濯したもの、他に足りない物は現地で揃える事にして釧路に向け旅立ちました。

津軽海峡は何度も通っているのに、連絡船に乗るのは初めてです。青森港を出港時、ボーイさんがドラを叩いて回っている光景も何か珍しく感じました。

函館港に着き、あたりを見回すことも無く急行列車「まりも」に搭乗。翌朝釧路到着予定。長時間座ったきりの列車の旅、腰の疲れが気にかかりますが、これも仕事の一部、函館で買った弁当とお茶をひとまず窓に並べて置きます。退屈しのぎと思って買って来た本を開くも全くページは前に進みません。隣席は子供連れの夫婦で、北海道の話、釧路湿原の鶴の話をして貰いましたが、頭の上を話がスルーしてしまい、どんな相槌をしたのかも全く記憶にありませんでした。

間もなく釧路とのアナウンスを聞き、一緒に乗り合わせた家族と別れの挨拶をして改札を出た。北国の釧路は多分寒いだろうと思っていたが、殆ど岩手と変わりない気候です。

待合室を出て駅前で待機しているいるタクシーに乗りこみました。

「入船町の金井漁業をお願いします」

「はい」

タクシーが走り出して間もなく、

「お客さん北洋ですか」

「うん」

「なんたって、北洋は花形ですからね、南氷洋の次でしょうけれども、今の時期は鮭鱒ですからね。俺の弟も四七度以南の船に乗って居ますよ」

運転手さんとのたわいない会話も終わらない内に到着。

「有難うございました。ではまたごひいきにXXX円です」

「ご苦労さん、ありがとう」

タクシーを降りて見ますと『金井漁業部』というこの当時としては大きな看板が目に入りました。

「こんにちは、宮古の船木さんから紹介されました藤村と言う通信士です」

と挨拶すると、奥から女性の事務員が近づいて来ました。そして奥まった真ん中の席から、色白のスタイルの良い男が立ち上がり、

「ああ、ご苦労さん、どうぞ座って、早川君、二十一号の船頭を呼んできて。船かな、番屋かな」

「はあい」

陸（おか）まわりと言って船の準備のために動き回る会社員の早川さんは、すぐに船頭即ち漁労長を連れてやってきました。

「ああ、ご苦労さん、二十一号の浜川です、宜しく」

「藤村です、宜しく。これは海技免状と通信士の免許証です。二級の試験を受けましたけど合格かどうかまだ分かりませんので、これでどうぞ」

「船員手帳と海技免状はこちらに貰います。通信士の免許証は、俺の方では不要です。通信士の方は無線局に行って選解任の用紙を貰って出しては。いや、無線局で出して貰いなさいよ」

「布団は？」

「四日前に送ったはずですが」

「それでは番屋に届いているでしょう」

漁労長の案内で番屋に行くと、五〜六十人の男たちが、寝そべって本を読んでいる者、花札、将棋をしている者などごちゃごちゃといます。

「おおーい皆んな、この人が二十一号に乗る事になった局長です。宜しく。」

「俺が二十五号の船頭だ。局長コップ持ってこ」

「あれ、中沢君！ここに来ていたの？」

「うん、一級取るまでに金が無くなったのでな、ここで、しばらくお世話になるべと思ってな」

「俺、今塩釜で二級受けてきたよ、何とかなると思っているどもな」

「俺、一級取って商船に行っても、これより（北洋漁業）金になるまでは、しばらくかかると思うんだよなあ」

「でも、行くなら早い方がいいでしょう」

「これ終わったら、海技免状も来ていると思うからそうするか」

この北洋の終わった後、中沢君とは、全く連絡したことはありませんでした。中沢君がコップを持って来て三級の講習以来久方ぶりに並んで座りました。

「今年の北洋だけでも、仲良くやるべ」

「うん、どうなるか分からないが、やってみるより仕様なかんべからな。ところで、山本君はキャッチャーボートに行ったんだって」

「そうらしいなあ」

「二十一号の局長さん、布団ここに置きましたから」

番屋の飯炊き担当女性から指さされてみますと、隅の方に転がっています。番屋の飯炊き担当女性と言いますと、なんか荒ぶれた女性のように思われますが、本当にしっかりした、中年のおばさん達で三人おりました。このおばさん達には荒くれ船員たちでもお袋みたいな感じがして頭が上がらないようです。

昼日中コップ酒、列車の旅で疲れているところに、つまみ無しの冷や酒、片船の船頭や、船長、ボースンに注がれギブアップ。

「疲れているので、休ましてください」

と言うなり夕飯まで荷を解いて、番屋の隅でひと眠りする事にしました。大声で騒いでいる船員達の声も気にならず、目を覚ませば夕飯が出来ていて、皆勝手にそれぞれ食事をとった後、どこに行くのか出かけて行きました。

翌日、釧路漁業用海岸局に挨拶ついでに、無線局無線従事者の選解任届提出の用紙を貰いに行くと。、

「こちらで出しておきますので、免許の種類と番号、これに金井のハンコ貰ってきてください。」

「ではお願いします」

「藤村さん、ここは米町と言ってな、石川啄木なんかも遊んだところなんですよ。なんでも、あの小奴が○○にいるそうですよ、遊びに行ってみたら」

なんと、遊郭の名前を教えられる事になりました。

「そうですか、それはいいところですね。北洋でガッポリ稼いできたら見学しましょう」

こんなやり取りをしていると「ポーッ」と霧笛が鳴りました。

「濃霧になったね、では、宜しくお願いします。ハンコ貰って持ってきますので」

「では宜しく、遊びに来てください、お隣の夜の街の方にも。はっははぁ」

番屋に帰りつくと将棋盤にコップを置いて二十五号の船頭と、私が仕える二人の船頭が飲んでいます。

「ようし、帰って来た。局長… 釧路の飲み屋を案内するぞ。船長、ボースン、行くぞう。支度はいいか、局長」

支度と言われても、今脱いだ靴をまた履けばいいだけです。

「支度はできました。先に事務所に頼むのがありますので」

「なんだ、そんなの早川君預かって明日持ってきてくれ」

陸（おか）まわりの早川さんに、選解任届けの用紙を渡して、飲み屋まわりに出発です。

「局長、支度はいいか?」

「はい、支度は万全です」。

船長とボースンは私と二十一号に乗る事になる二人です。船頭は顔あわせの支度をしてくれたのでしょう。鮭鱒流し網の船員は、富山県人が多く、トロール船は新潟県人が多いようでした。それぞれの裏作漁業によって県民性があるようで、岩手、青森はマグロ延縄が得意なので適当に交ぜて乗り合わせ、年間のスムースな操業を続けることが出来ているようです。

釧路川の川口に掛かっている『ぬさまい橋』の袂のバーを皮切りに、橋を渡り繁華街の裏通りに出ました。夜になればネオンがきらめき、表通りに一変する街を梯子にはしごを掛けて夜の十二時。いくらなんでも飲み過ぎと思い、皆と別れ、番屋に帰る事にしました。外に出ると、濃霧に覆われた街に霧笛が鳴っています。この霧笛の音は、先人たちの苦しみの泣き声を想起させ、いかにも最果ての町のムードが漂っています。飲み疲れの顔に霧が冷たく貼りつくようで心地良い。初めての町だったが、酔っていても、ぬさまい橋を渡り、迷う事も無く無事番屋に到着した。番屋の布団の半分位は主の帰りをだるまストーブに温められながら待っています。いくら元気で、放逸な釧路の船員たちだって親があり、妻もあれば子供もあります。夜中に帰って来て、朝になれば空いている布団は殆どありませんでした。

翌日は、無線屋さんと相談して、船舶無線局の検査の日取りを決めて貰います。無線機の検査もこのころになりますと終戦直後と違い、周波数も安定して、無線機の異常発信も起こらず、検査官も安心して検査を行い検査も簡単に合格です。北洋出漁も例年通り、船主はじめ船員も慣れて落ち度も無く函館向け出港。函館で網の積み込み、出港時の型通りの検査、検査する方もされる方も慣れていて直ぐにOKが出ます。

旧ソ連、アメリカなどとの漁業協約などの説明も例年通りあって無事函館を出港。このころになるとレーダーを装備した船も増えて濃霧の中の航海もスムーズに出来るようになりました。各船とも、北洋漁業が始まったころと変わって新造船となり、船の構造も良く、居住区も十五センチかそこらでしょうが広くなり、豪華船に乗ったような気分になるのでした。

いくら船が良くなったからと言っても割り当てトン数は変わらず、まあ船員の収入には大して変化はありませんでしたが、エンジンの循環水を利用した風呂が装備され、それに海水に強い洗剤も出来、電気洗濯機も装備、汗臭い作業着を洗い、機関部に嫌がられながらも、機関室の上に吊るして乾かし、さっぱりして過ごせるようになりました。

各船団とも大きな事故も無く、無事アリューシャンの鮭鱒を出港から約四カ月で終了し、船団によって四~五日違いで切り上げとなり、めでたく「バンザイ、バンザイ」となるのです。

北洋より帰って来ればそれぞれの鮭鱒の裏作としてサンマ漁、マグロ漁、トロールなど次期漁の準備にかかります。サンマ漁は休む間もなく直ぐ準備にかかり出漁となります。マグロ延縄は一カ月ばかり休んで出漁となります。

この休み中に、温泉湯治に行く人、一家揃って先祖の墓参りする人、観光旅行と言う程ではないがどこかに遊びに行くなど、海の苦労のご褒美を頂くことになります。

ひと月程の休みを終えて、マグロ延縄漁に出漁です。船の性能が良くなった代わりに、操業区域も今までよりも遠く沖出しするようになりました。遠くに行くという事は燃料の消費が拡大するという事になります。どの船も大漁したい。そのためには良い漁場に行かなければという事になり、燃料タンク満杯に積んだ他に、デッキにドラム缶を並べて出港する船が多くなりました。

しかし、このことは実は危険なことです。大波をかぶった時に自然に排水するはずのスカッパーが喫水線より低くなってしまうのです。航海中時化にでも会えばデッキの排水が出来ず、沈没の危険にさらされます。それでも人間の欲が優先すると、沢山の魚のいる漁場を目指して出港することになるのです。

船が満船で帰港する感覚は何とも言えぬ面白さ、全く漁師冥利に尽きるのです。それ故に、無理をしてでも良い漁場までの燃料をドラム缶で積んでの出漁は常態化し、昔から船乗り稼業は、板子一枚が極楽と地獄の境目である事は知っているのですが、満船状態を超えた出港時の積み荷、海水がスカッパーから入りデッキを洗っても、大漁した時の気持ちが優先され憂き目を味わうことも珍しくありません。

さて、本船も準備を終えて釧路を出港。宮古釜石の船団の仲間に入れて貰い、「出港オメデトウ」や「北洋での大漁オメデトウ」の挨拶を受け、仲間入りお願いの挨拶をしながら各船の操業位置、漁模様を聞きますが、各船の位置は思ったより沖にいるようです。

「船頭、皆ずいぶん沖にいますね」

「うん、これはちょっと危ないね。今は夏だからまだ良いが、西風が吹くようになれば、支えきれないでしょう」

燃料の重油のドラム缶をデッキに積んでいるのを知っているので、本船の漁労長も心配しています。海岸局に送るメッセージは「適水調査しながら沖出し中、適水あればハツナワ（初縄）の予定」などの沖出し中の船の決まり文句の電文を打電し漁場目指します。

今もまだあるかどうか分かりませんが、北緯三九度東経一五三度の定点観測船のいる付近で操業開始。あまり面白い漁も無く、さらに適水調査しながら沖出し、東経一六〇度付近に到着。五十トン級の船も来て操業しています。このクラスの船はこの漁場での操業は少し無理ではないかと思われましたが他船の事、何も言わないで適当な会話をして、一緒に操業に励む事にしました。

漁の方は、メカジキが主流のようで、それに黄肌、メバチが交ざり、ヨシキリ鮫、毛鹿鮫（ネズミ鮫）が入りまあまあと言うところ。釣り針に食いついてきた魚は、あれもこれも積み込んでいるらしい。

天候は南寄りの風七～八メートル、海岸局に送るメッセージは「やや凪良く操業中」。まあ、各船とも同じような電文です。操業開始してから五日目の午後三時頃、宮古のB丸より、「釜石のC丸が二七八五キロサイクルA3電波で《緊急緊急コチラC丸》の電波が切れ、その後いくら呼び返しても応答がありません」との情報がもたらされた。

各船とも遭難救助に向かうにしても今延縄を揚げ始めたばかり。しかもC丸に近い船でも五〇マイル以上離れているのです。各船ともサメなどは釣り針を切って捨て、揚げ縄を急ぎます。C丸に近い船でも、たまに船影を遠くに見る位です。何れ縄を揚げ終ってC丸に向かうにも、近い船でも十時間位かかります。各船とも縄を揚げ終わって、C丸の操業海域に向かう事にしました。だからと言って漁具を捨てて救助に向かう程、各船とも経済的な余裕はないのです。本船も十時間ほどかかり縄を揚げ終え、漸くC丸の位置に向かう事にしました。C丸の通信長は、私と机を並べ三級の免許証を取った仲でしたが、運命とはこんなに突然に訪れ、人をもてあそぶものでしょうか。「何で事故になったのだろう。時化と言う程荒れた訳でもないのに」船員たちも縄を揚げ終った後、食事をとりながら話し合っています。

翌日から遭難したと思われる海域に仲間の船が集まり始め捜索開始です。操業に使用するビン玉、投縄に使用する木の流し台、何の印も無いが、空のドラム缶、沢山積んであるはずの船名の付いた梵天は、横になって流れているので見つからないのです。

三日目に巡視船も到着して捜索が続きましたが、潮の流れによって位置も変わるので夜は宛縄をいれます。五十鉢くらいの縄を入れて流れに合わせ、遭難位置を捜索するためです。巡視船員から遭難した死体の浮くのは何日くらいで浮くのか聞いてみましたが、もう既に浮いて来る頃との事。しかし、漁船員は水産合羽を着ているので浮かばないと思われるとの見解でした。

七日間の捜索で漁具の他は何も発見できず、海難救助活動は打ち切りと言うことになりました。各船とも、遭難船の遺留物を帰港まじかの船に託し、操業海域を注視しながら普通の操業に戻ります。捜索に関わったためばかりではありませんが、燃料ぎりぎりの船は、陸寄りに操業海域を移しながら、帰港に備えながらの操業になります。燃料の消費ロスも仕方ありません。明日は我が身かも知れません。何時助けを求める身になるかも分かりません。C丸の乗組員の中に、本船の船員と親戚関係の者も三人ばかりいるのですが。

操業始めてまもなくのの遭難騒ぎも一段落して平常の操業に戻りました。無線通信士の私達も、仲間同士で気を引き締めながら連絡を取り合います。

しかし悲しいかな。一週間もすればこのことを忘れたかのように、冗談をとばし、デッキの船員もふざけ合いながらの仕事になっています。通信連絡の会話も柔らかくなって、次の仕事に邁進し頑張る事になります。

北洋を切り上げ、一航海目はＣ丸の遭難で水揚げ減となり、幾ら海の事故を沢山聞き、体験をしていても大変な事です。二航海目はもっと大変なんです。台風が来る、さらに季節風が吹き始めます。何時もながら嫌な季節です。いやいや、嫌な事ばかりでもありません。この時期の魚は脂がのっておいしいんです。ですから取引市場でも値段が良いのです。

出港前に操業の区域の見当をつけていますが、出港すれば各船の操業位置、漁模様を聞き漁場の選択します。漁労長はノートを見て何も言いいませんが、海図とにらめっこしながら漁場向けのコースを指示した後はベットにもぐり込み、食事の時以外は起きてきません。前回操業の疲れの回復に努めているので

しょう　例年のごとく、南方洋上に台風が発生し北上しています。各船の漁模様も気になりますが、C丸遭難の事もありまだまだ遠いけれどもこれが一番の気がかりです。

NHKの気象通報やモールスの気象通報も漏れなく受信し、天気図を作成。ブリッジの海図台に各船の漁模様や行動状況のノートと重ねて置きます。食事に起きた漁労長がコースを南寄りに変更します。明らかに台風避航のコースを指示しました。

出港三日目。台風の進路を気にしながら一回目の操業。大した漁獲も無し。台風の予想進路をかわすように、十二時間位航走して二回目の操業。思った以上の漁獲。三回目、四回目と操業。北側の操業船達も台風を避ける意味もあり、百マイル、二百マイルの距離を南下移動し本船付近に向かっている船も二～三見受けられました。

一方、T丸に話題を変えます。T丸はこの春進水したばかりの鉄鋼船。これまでの気象通報では台風の予想進路になっていませんが、例年の我々の勘では予想進路上で大漁をしています。付近で操業していた好漁の各船も、T丸だけを残して皆避航体制に入っています。本船は五回目の操業上げ後、台風の様子を見るため休み適水調査に移りました。T丸と同海域の船のメッセージは「南寄りに調査中」とか「台風避航調査中」などです。T丸は「操業中。この縄揚げれば南下予定。東寄りの風力六」です。(風は確か十五~十六メートル)

翌日午後のQRY(順序通信)、海岸局にその日の船の行動メッセージを送る時間です。この通報は、各漁船の船主にとって短い文でも安全を確認する大事な連絡なのです。台風から早々避航した船は「台風一過凪よく操業中」「操業中やや波高し」など。その他の各船の通報は、「台風避航中」や、「支え中」、「イロイロに支え中」など。イロイロに支え中と言うのは、例えば、台風の場合は風と波が同じ方向から来ないので、風は西南西から吹いているのに、三角波が北、北西などから襲い掛かり操船に苦労しているということです。

しかし、T丸の電波の痕跡が見当たりません。昨日の電文の東寄りの風と位置、風向から推測するに台風の中心に入ってしまったように思われます。当番船は海岸局に昨日の状況などを各船のメッセージに加えて送る事になってしまいました。付近には僚船がおりません。その海域から各船は避航してしまい、近い船でも二百マイル程の距離の時化の海です。残念ながら、T丸は遭難したものと思われました。当番船は、T丸の船主、海上保安部に連絡するよう海岸局に頼むよりなすすべがありません。

避航した船の中にも、ブリッジの窓ガラスを大波に破られた船もあって、T丸の操業していた現場に向かう事の出来る船はありません。残念ながら、沖出し中の船、帰港中の船に現場付近を通過の際に注意をお願いするだけです。

巡視船も四日目でようやく到着し、捜索開始。T丸の遺留物発見の情報は誰からも聞くことはできませんでした。

T丸の通信士は私の一期後輩でS君といい、とても人柄の良い男だったのに。ただ、唇をかみしめ、ご冥福を願うことしかできませんでした。

どんな仕事でも言えることでしょうが、少しばかり欲を強く持ったがため、

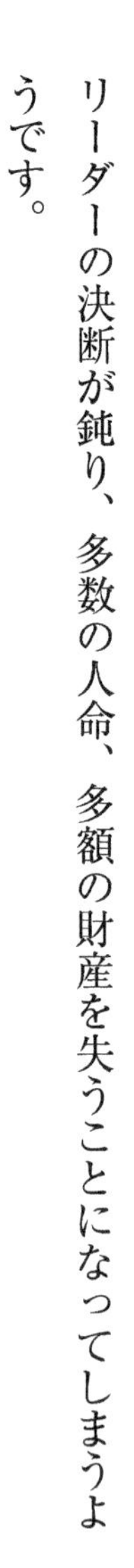
リーダーの決断が鈍り、多数の人命、多額の財産を失うことになってしまうようです。

本当に残念なことです。

友の眠る千島の海

同僚とハワイ島で

8　弱い者いじめかこの病い

私もいつの間にか漁業通信士では、中堅となって居ます。優秀な人は、商船や捕鯨船に乗ったようでした。本当は落ちこぼれの私ですが、同輩や、後輩の人たちから、沖に出れば良く呼び出しをして貰い、連絡をしてもらっていました。

五十年以上も前の事で記憶も不確かですが、私達がミッドウエー海域で五～六隻で操業していた時のことです。各船とも黒マグロを目当てに冬の海でもやや凪の海でホクホク気味で操業を続けていました。

ある日突然、聞き慣れないコールサインの船の呼び出しを受けました。

「フジョムラサン、コチラ、タネイチデス、タラナワデキマシタ、レンヒダイリョウオメデトウ」

「アリガトウ、オカゲサマデ」
「コチラモタイリョウデスガ、コウリガツイテナヤマサレテイマス、オタガイガンバリマショウ」
「キヲツケテ、サヨウナラ（—・—・— —— ・・— ・—・ ・・・）のモールスの符号。こんな通信会話をして終わりましたが、これが種市君との最期のサヨウナラ通信になってしまいました。種市君は二期後輩で、酒の席で話し合ったことはありませんでしたが、岸壁で顔を合わせれば近況を話し合い、励まし合ってきました。まったく残念な事でした。

これより、十年くらい後、北方領土の千島海域で操業した時の着氷との闘いは忘れません。本当に大変でした。

船乗り家業は、「板子一枚地獄の境目」と言われますが、この着氷は、船のマスト、マストに張ってあるアンテナ線、ブリッヂ上に回してついてある手すりは勿論、レーダーマストなど所構わず付着します。

少し油断すれば、小指程のアンテナ線は二の腕、いや脛程に太い氷になってしまいます。着氷で船の上部の方が重くなり、バランスを失うと転覆する事になるのです。

このアンテナ線の氷は、竹竿で叩き落としますが、なかなか取れてくれません。取った後にすぐ飛沫が凍ってまた付着するのです。この所かまわず付着した氷は厄介な所にも付着します。レーダーのアンテナです。通信用の引き込み碍子、一般船員に任せていると、強く叩きレーダーの羽を曲げたり、碍子を割ってしまったりすることが起こります。

ブリッチ上は通信士、船長、航海士が氷落としをしているのですが、一般船員でなくとも、飛沫の氷から早く逃れたいのは一緒です。冬のベーリング海は知らないけれども、私の知っている千島海域より寒いと思っています。

種市君の乗った船名も所属漁港も忘れてしまいましたが、私の知らないこの様な悲しみを忘れることなく、子供、兄弟を海に送り出し、明日の生活を続けなければならないのが世界の海を相手の船乗り家業の宿命なのです。

北洋サケマス船も優秀船となったため、裏漁業のマグロはえ縄をするわけですが、航海が長引き困ったことが出来てしまいました。北洋の場合は食料となる野菜は母船から補給して貰いますが、マグロ延縄漁の場合は自船で持って行かなければなりません。

さて、この頃どうも便通が芳しくありません。野菜不足のためかもしれませんが、便秘が激しくなり、便器にしゃがんでも排便できず、便器を朱く染める日が続きます。仕方がないので、薬品担当の船長から浣腸薬を貰い、この航海を凌ぐ事にしましたが、一過性の病いでないことが判明し、残念ながら、後任の通信士の手配を頼み、下船する事にしました。

せっかく会社の女性事務員と仲良くなったのに、別れなければなりません。北洋と言うドル箱を得て、女性にもてる経験もなかった私が恋というものに出合えたのに。痛いお尻の手術と不幸の三連発に愕然となりました。でも、廃人に向かう前に、先ず病気を治す事にしました。

一年くらいアルバイトをしながら養生の後、今度は米国式巻き網船にお世話になる事にしました。巻き網船の事は全く分からず、本船（網船）探索船（魚探船）と運搬船二隻、それに操業の魚を巻くときに一番最初網に付けて入れ始めるエンジンの着いたボート（ボートの呼び名忘れました）。巻き網の長さはどれ位なのかも、判りませんが、探索の仕方は至って簡単、目視です。

跳ね群れ、鳥付群れ、水持ち群れなど。跳ね群れはカツオ等がイワシ群れなどの小魚を追って跳ねている様子のこと。その際は大抵、海鳥が付き忙しく魚群の上を飛び回っています。鳥付むれと同じ様ですが、私などには区別ははっきりしません。また水持ちは、海が平穏の時の水面は辺りの海面と波の立ち具合が違うそうです。私などには区別が分かりません。この群れをうまく巻けば大漁らしいですが普通、分かりやすい、跳ね群れ、鳥付群れを探します。

普通、カツオ船や巻き網船は前後のマストの上に籠が付けてあり、これをトップと呼び、この籠に入って広い海原を目視で探すのです。私は幸い視力が良いので、水平線の水鳥の忙しく飛んでいるのを見つける事もありました。一緒にトップに入っている船長に知らせると、双眼鏡で確かめ、「あれは確かに鳥付群れだ、おーい取り舵、鳥付のようだ、寄って見るぞ」

「おう、寄ってみろ」と漁労長が指示をだす。

「カツオのようだ」

すぐ漁労長のいる網船もその鳥付群れに向かい、運搬船二隻と魚探船もその群れに向かいます。この日は、この群れの他に小群れも見つけ漁獲することが出来ました。

この時期は、お盆前でした。何とか全船員の生活と、会社の売上がかかっています。巻き網船は大所帯です。ここでマグロでも一網当てたいのが人情というものでしょう。

「鳥付だぞう!」取り舵の運搬船からの大声の連絡で、網船からの指示を受けながら、それぞれに並んで近づく。魚群の進行方向を見て網を丸く入れ、魚が網から出ない様、急いで網を閉めます。

「ああ、良かった」網の中は黄肌マグロが飛び跳ねています。かわいそうな気もしますが、弱肉強食は浮世の習い、悪しからず。

巻き網船団は大所帯です。一船団四隻、それに乗っている船員五十～六十人の生活を考えるととっても大変です。でもこの一網で今までの半年分の経費は賄えたようです。このように、魚群をうまく取り込み大漁が出来れば、皆自分が漁労長になったような気分になり、誰かれの、区別なく自慢したくなります。たったこの一網が会社も乗組員も生き返ったように元気にするのです。幸いカツオやヒラマサの群れを数回巻き、お盆の魚を皆が二本づつ貰うことが出来ました。

「船長俺の分け魚多いようだが」

「うん、いいんだ、いいんだ。皆が港に入るたびに、これまで半分とか、気持ちだけしかあげられていないので二本多くしただけですよ。船頭もそう言っているので、遠慮なく、もらってください」

「満足な仕事も出来てないのに」

「なあに、免状持っているだけでも有り難い事だよ」

と目頭が熱くなるようなお話を聞かせられ、四本のカツオを貰って帰って来ました。家に帰って来てからの仕事としては、風呂を洗い、入浴の準備をすることぐらいです。そこに妻がやってきて「カツオを捌いてください」と言う。「あそう、OK、OK」と捌きにかかりましたが、包丁が言う事を聞いてくれません。船の新人コック長が皆に気合を掛けられ、捌いているのを見ていましたが、それ以上、いやいやそれ以下の下手糞であることに気が付かされました。背骨に肉を付けたまま、三枚におろして女房に怒られるやら、馬鹿にされるやら正に厄日。

「あなた、何年漁師やっているの。どこの若者でも一年も漁師やっておれば、骨に身を残さないように捌けるでしょ。だらしないったらありゃしない」

他の漁師の皆様。漁師の面目をつぶして申し訳ありません。現在も魚を捌けないだけでなく、沢庵を切るのだって満足にできないのです。これは、どう見ても生まれつきの不器用のなせる業としか思えません。

ここで私と妻との馴れ初めについて少し触れさせていただきますと、妻となる人を紹介してくれたのは従姉妹のケイコさんでした。

「家の嫁さんは美人の上に人柄もとてもいいのよ。その妹さんも姉に劣らず美人で人柄もいいそうだから、結婚したら？」と勧めてくれました。日ごろから信頼しているケイコさんからのお話だったので、何の迷いもなく決断しました。

妻のほうも二つ返事でオーケーしてくれたようです。当時は珍しくないことでしたが、二回目の顔合わせの日が「結婚式」の日でありました。

妻は和裁が得意で、私が収入がない時は、妻の働きでやりくりが出来ました。しかし、妻との幸せの日々は長くは続きませんでした。平成七年六月、B型肝炎がもとで帰らぬ人となってしまいました。私たち夫婦は、地域の皆様や同級生の方々、鈴の会の皆さんに大変お世話になりました。とりわけ、地区の美容院の方々から妻の和裁の腕前がすごかったよと褒めていただいた時など本当胸にこみ上げてくるものがあります。加えて、息子一人、娘一人を授かり、幸せ一杯暮らしていることに感謝あるのみです。

泉下の女房殿、改めて不器用な亭主をお許しください。不慣れな巻き網漁も皆さんの助けにより無事に勤めています。漁獲も何とか採算線上を越えているようです。持病の腰痛も悪化してきました。下船することにしました。何においても、健康が第一ですのでお暇を頂き下船となりました。

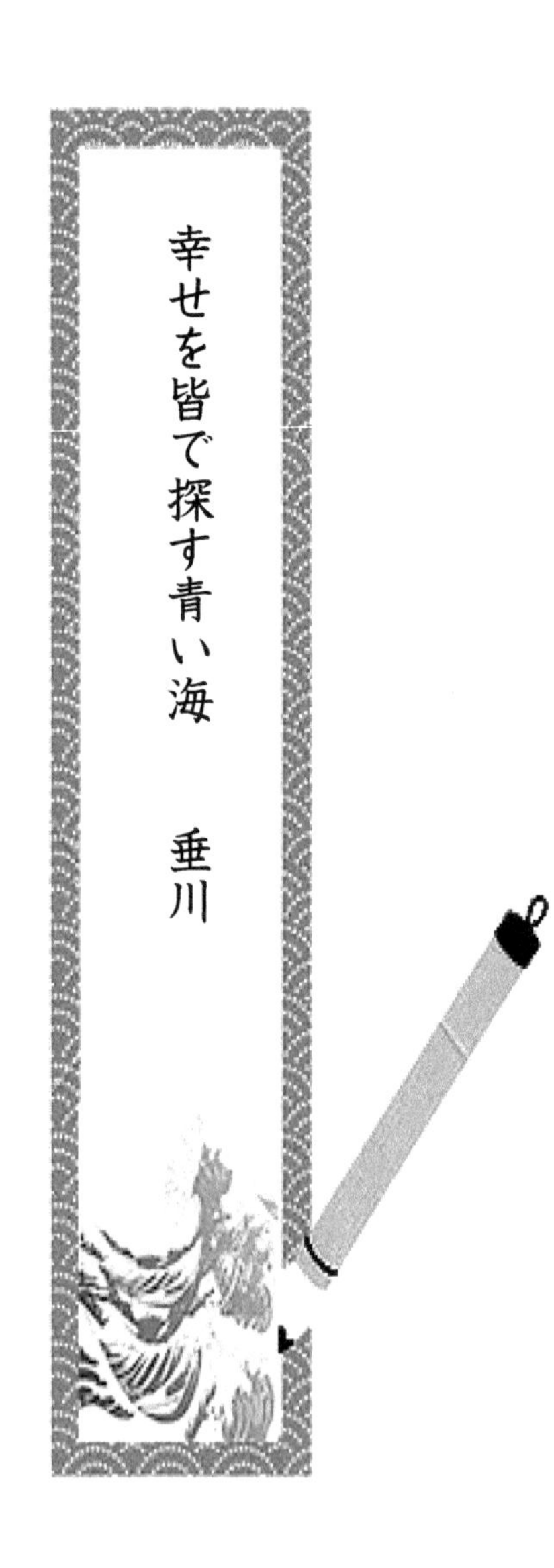

「凪」の日も「嵐」の日も、命を育む海

同級会で旧友たちと

9　ベーリング海を行く

体力だけは自信があった私でしたが、年齢と共に何かの病気が取りつき、度々下船する羽目になって困りました。今度は腰痛で下船。以前には盲腸炎で下船。その度病魔はせせら笑って、自信過剰な私の体の弱いところを攻めてきます。

そこで一旦退却し、一年程養生してから八戸の巻き網船にお世話になりました。私が乗せて頂いたのは、三五トンの魚探船。魚探船と言ってもどの船も魚探は付いているのですが、船が小型なのでマストにのぼって遠くの鳥群れ、跳ね群れを探す事には弱く、大きな役目はできないものの、魚群を巻いたとき網船（本船）からロープをとり、本船を曳いて本船が魚群をスムースに巻けるように助けることができます。

この巻き網船団は時期的に漁の無い時期だったのか、漁に恵まれず、この船団にお世話になる前の水揚げの分け前を沢山頂き、会社の命令により、百二十四トンの沖合底引き船に移る事になりました。トロール、即ち底引き漁業という漁法ですが、数年お世話になったのに良く分かりません。私の知っているかぎりで述べてみます。

お世話になった船は百二十四トン。デッキには大きなコンパウンドロープ（ワイヤーとナイロンや麻などをより合わせたロープ）を巻くドラムが左右に付いています。この漁法は『掛けまわし漁法』とも呼ばれています。

一本二百メートル余あり、浅い所にいる魚、鱈、スケトウ鱈、深い所にいる目抜け、キンキン（吉次）など魚種によってロープの本数は左右それぞれに、十本または十二本と変えて海底まで伸ばします。

操業開始は、先ず最初ブリッチの「やれいー」の掛け声でロープに付いた大きな浮きを投げ込みます。投げ込むというより、大きな浮きを繋いである径二センチくらいのロープをボースンがほどき、ブリッチでドラムのブレーキを緩めれば、ドラムのロープがするすると伸びて行きます。ロープ五本で舵を左に切る、さらに五本で速度を緩め網が入ります。網の両はじに、網の入った後ロープ五本でさらに左に切り、最初の浮きに向かいます。このロープと網が円形になっているのか菱型になっているのか良く分かりませんが、このロープが、右と左が引き寄せられ、魚を脅かし網の中に追い込むことになるようです。

左右のロープを巻きはじめ、「なんだか今日は潮が速いなあ」とか「今日の潮が悪いなあ」などと呟いているときがありましたが、私が聞いても全く何もできないと言うより分からないのでした。

私は漁具の修理や、網の修理なども出来ないので、網が上がれば、中デッキに降りて、魚の選り分けを手伝う事になります。この底引き漁業は、網の中にとにかくいろいろな物が入ってきます。

箱に詰めて店頭にきれいに並んでいる魚はもちろん、陸上の皆さんが捨てたかもしれないジュウス缶、空きびん、プラスチックなど様々な欠片など。海の神様に申し訳の無いような、捨てたゴミも入っています。これらには、貝の子供なのか、サンゴの子供なのでしょうか、ビンなどに付着しています。魚の種類、大きさ等で選り分け箱詰めをするのですが、私の箱詰め作業は遅い上に魚の傷み具合など分け方が下手くそでうまく出来ないのです。一般船員にいつも叱られていました。

「局長大丈夫ですか。これはこっちでこれはこっちにしてくだしよ」。しょっちゅう注意を受けます。

この底引き漁業は収入はとも角一番良いのは、いつも美味しく毎食変わった魚が食べられることです。陸に持っていっても数が揃わないので商品に出来ない物、グロテスクでいやらしい感じのかじかなどは味噌汁にしただけでも絶品の魚類です。鱈、助宗鱈の内臓を抜いて血抜きをし、背骨まで包丁を入れて、頭から尻尾までつながったまま沸騰している鍋に投げこむ。トロールのつなぎ切り、鮟鱇のつるし切りしての友和え料理など、料理の腕の良い小まめなコックさんにあたれば、毎日おいしい御馳走にあずかることになります。

青森県沖の漁期が終わり、北方領土、千島海域の操業に移りました。この時期の操業方法は開口板を使用したオッターと呼んでいましたが、以前は板引きとも呼んでいました、同じ様でも、漁法もいろいろと変化していると思います。網にはネットレコーダーが付けてあり、網を曳いている間に、網に入った魚の状況が魚探に写し出されるようになっているのです。

「さあ、大漁だぞ」と思って網を巻き上げて見ますと、あまり魚の入っていないこともあるようでした。これは、潮の具合やプランクトンのいたずらに騙されるようなものです。


北方領土、千島海域の操業の場合、私達は日本領土と思っていても、ロシアは終戦間際のどさくさに参戦して来て占領、ロシア領だと言って十二海里以内に入ってはだめだ、魚種はあれとこれ以外の物をとってはだめ、違反一つに付き罰金〇〇〇円と迫ってきます。

これまでは仕方ないと思っておりましたが、困ったことに深海から巻き上げた鱈などが餌として食べていたエビ等を内蔵とともに吐き出すのです。それを、臨検に来たロシアの監督官は、不法漁獲だと言って罰金を請求するのです。これにには本当に困りました。また、この海域は戦前は丘に寄った場合なのか沖に出した場合なのか不明ですが、タラバガニが獲れたそうです。この季節、この千島海域は時化になることが多く一月、二月は、どの方向から風が吹いてもしぶきや吹雪、どれも皆、氷となって船に付着します。

「氷をおとせ、気を付けてな」

この命令でデッキの氷は掛谷で叩き落とし、アンテナ線に付いたのは竹竿で叩きます。小指程のアンテナ線は二の腕よりも太くなっています。マストの氷も掛け矢で叩き落としますが、一番困るのはレーダーマストとレーダーアンテナの羽の氷。船員に頼むと羽に傷をつける恐れがあるので仕方がありません。船長と二人でブリッチの氷は落とす事にしていました。アンテナ線はボースンが船員に命じて落とします。デッキに散らばった氷は散水で流し、スカッパーから出し、まともな操業ができます。これを怠ると、船がバランスを失い転覆しかねません。

二月になると流氷が見えてきます。色丹島、国後・択捉海峡に沿海州やオホーツクの海で生まれた流氷がやって来るのです。この流氷に、微速で乗っても、ギギーどっすんと気味の悪い音を立てます。

何とか、この流氷を乗り越えて択捉島沖にでると海流の関係で国後の海域よりも流氷が少なく、操業にはたいして影響はありません。

この頃の魚は身が締まって脂がのり、とても美味しい魚になるのです。

『寒鱈の様だ』。「何言ってるんだ寒鱈だぞ」とか、魚屋さんが言っているのを聞いたことがあります。

近年、大王イカが見つかったとか、海岸に打ち寄せられたなどの報道がありましたが、多分トロールで入ってくるあの大きいイカは大王イカと思われます。

花咲港に押し寄せる流氷群

私は正確な名前は分かりませんが、味は食用には適さないとの事で、すぐ海に放り込んでしまいます。そのイカは私たちにとって珍しい物でもありませんでした。

着氷、流氷の時期を終え、北方領土付近の操業が切り上げとなり、今度は母船付きのベーリング海に行く事になりました。

ベーリング海での漁法は青森県沖合漁業と同じ「かけ回し方式」でこれと言って変わった事も無かったけれども、困った事は目的外のカニやニシンがたまにごっそり入ってくることがあるからです。これは、多分カナダ、アメリカ等との漁業協約などによるものと思われますが、漁獲してはならないことになっています。幸いニシンが入ってくる事はありませんでしたが、カニが入って来ることは多々ありました。原因は、カナダか、アラスカの漁業者か、私たちの操業海域にカニ捕獲用の籠が設置してあり、この籠に被害を与えては、日本も同じですが、中小漁業者の死活問題となるのです。このカニ籠に被害を及ぼさないかぎり夏のベーリング海は凪の良い海として操業できます。

操業は、いろんな魚を選り分ける事も無く母船に上げるので、カニ、ニシンに被害を及ぼさなければ気を使う事も少なく意外と気楽な操業でした。

母船は鱈やスケトウ鱈で蒲鉾やソウセージの原料のすり身を作って、中積船で内地に送っているそうです。漁獲の方は心配なく、毎日の仕事は単純であっても重労働には変わりありません。母船としても、同じ漁場に留まっている訳には行きませんので、独航船の少しの骨休みを兼ねて、調査船として月に二回くらいのペースで二〜三日母船から離れて調査操業を行いました。

報告は、トン数、魚種、魚の大きさ等ニシンなどが入っていればあまり歓迎されない様でしたが、鮭鱒などと違って気を使う事も余りありませんでした。

それにしてもベーリング海域で入って来るタコを食べて、あれほど美味しかったタコを食べたことがありません。男の二の腕よりも太い足、茹で方にもよるでしょうが、柔らかくとても美味しかった記憶が鮮明に残っています。私は高級料理店で魚介類の御馳走を食べたことはありませんが、マグロなどは鮮度の落ち着くタイミングで料理をするので美味しく頂けるでしょうが、タコに関しては、ここで食べたタコよりも旨いタコを食った事はありません。もっとも私は歯が悪く、柔らかければなんでも美味しいと思っているのかも知れません。ただ、タコの頭部を食った覚えがありません。捨ててしまったのでしょうか、同じ船に二十人しか乗っていないのに、そんな事も知らずに過ごしてきました。（チコちゃんに叱られるかも）

ベーリング海の漁を終えて帰って来ると。

「局長、今度は、今造っているイカ釣り船でニュージランドに行って貰うから。いいですね。」と告げられました。仕方ありません。それではと私物は何もかも片付け、後任の通信士と会えなくとも引継ぎを無線機器の電気屋さんにお願いし下船することになりした。通信士の技量とか技により漁獲が余り左右されないトロール船とはお別れとなりました。

技よりも資格に仕事付いてくる
垂川

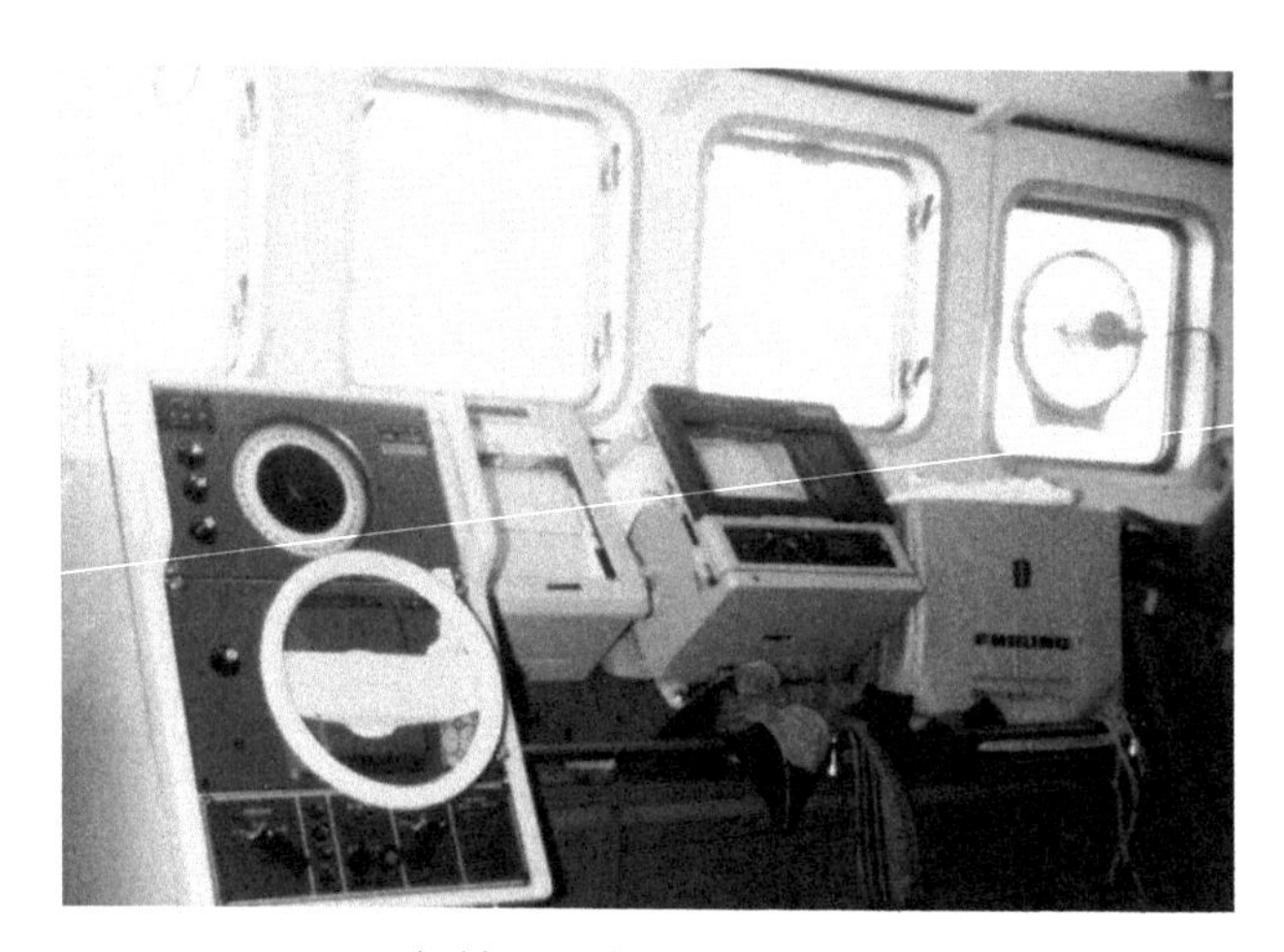

無線通信室内部と船の舳先

10 イカ釣り船でニュージランドに遠征

結構長い間漁船に乗っていましたが、イカ釣り船は初めてです。出港の準備の無線機器整備などは皆同じですが、イカの釣り針の結び方、そのテグスの結び方は至って簡単なはずですが、私が結ぶとどうも良く締まらないのです。何でもそうですが、『その道によって賢し』と言われるように、幼稚園、小学一年生からの学び始めとなりました。

不確かな記憶ですが、テグスの長さは五〇センチほどのものに特殊なイカ釣り針を結び、その針にイカ針、テグス、イカ針とイカ針三〇本位と繋いで笊に入れて重ねて行きます。

「局長、局長の結んだ針はき一番イカが釣れそうだね。海に出る前から、局長の指が良く釣れているようだから。はっははぁ」

テグスに針を結ぶのに、不器用な私が針を手に刺し、血を流しているのを見て、漁労長はじめ皆にからかわれます。

どの魚種の船も漁船の場合は、トン数が大きくなっても居住区はやや大きくはなるけれども、ベットの面積は大して変わりありません。それでも私の勤務する無線室は、無線機器と通信士のベットともにやや広く、送信機の出力も二五〇ワットと少し大きいのが付けられ、何かしら自分が少し偉くなった気分になりました。

しかし、漁船の場合は、いくら船が大きくて、船員の資格が上級資格でも、固定給プラス漁獲高の歩合制ですので、漁をしなければ収入は増えないのです。それでも、船が大きくなれば、航海能力や載量、漁労機器が多くなり、矢張り漁獲が良くなり、収入も多くなります。しかし、この船の能力をうまく活用できなければ、折角の優秀船でも赤字となり、会社の存亡にかかわる事になります。

これは学歴等無くとも大漁すれば名船頭と言われるとおり、兎角、学生時代に成績の良かった頭の切れる漁労長でも、理論だけに走り、現実の漁法を見逃して実績をあげることが出来なければ、乗組員にそっぽを向かれることもあるのです。

各船主も漁労長を選ぶ際には、相当に気を使っていたようです。私のお世話になったどの漁労長も学歴はありませんでしたが、頭の良い人達でした。漁の見極め、漁が薄くなって別の海域に移るタイミングの判断は中々難しいものです。何といっても、漁船での一番の判断事項は時化に対する判断力です。その判断を確実にするため、私達通信士を載せているのです。ところが、その通信士の私は長い間、欧文の交信、受信をしていませんでした。

そこで不安を抱えたままニュージランドに行くわけにはいきませんので出港前に欧文の気象を受信してみました。

なんと、あっち、こっち、文字が抜けています。ニュージランドに行く前に、欧文の受信練習をする始末です。いやはや頼りない通信士です。

甲板、機関部は準備完了、いや、私の準備だって万全です。ただし欧文の受信がしっかりできればですが。、何しろ漁船に乗って欧文のモールスに御無沙汰しているのですから仕方ありませんが、この際、一番必要な欧文の気象を受信し、ＡＢＣに慣れることにしました。

気象通報は数字さえしっかり受信し、高気圧、低気圧、前線などを天気図に記入すれば間違いのない世界語になって、誰にでも理解できる気象の天気図が出来上がります。

外国の港に入港するとき、外国の海岸局に打電しますと、ゆっくりとモールスの交信をしてくれます。あれこれと心配しながらでも、無事ウエリントンに入港。入港して見ると、代理店の方が東北弁の私より達者な日本語で、港湾の役人に通訳してくれます。

お役人の人達も片言の日本語で話してくれて親しみを感じます。入港手続き、税関、検疫手続きが終われば代理店の人よりも、日本のイカ釣り船の来るのを首を長くして待っている人達がいました。

『港々に女あり』この言葉は世界中の船乗り共通の格言でしょうか。いやはや、その道の女性達が勢い良く乗り込んで来ます。この見ず知らずの外国の船に乗り込んで来て怖くないのでしょうか。もしかして日本船だから怖さを感じないだろうと思っていましたが、いやいや日本船以外の他国の船のデッキにもその道の女性達と思われる人がちらほら見えます。どの女性も『世界中の船乗りの男は、皆私の恋人である』と言う様な顔をして笑っています。女性は何処の国も逞しく見えます。

漁は何処の海でも水物であることは変わりありません。昨日は大漁でも、今日は全く顔を見せてくれない事も度々あるのです。「大漁の二日無し」と言われている格言もあり、今日の漁を大事にしなければなりません。

イカ漁は、パラシュートみたいなものを船首より流して支え、漂泊しています。これを「パラ泊」と言っていますが「パラシュートアンカーで漂泊中」と打電することになります。こうすると潮流と風による流れに船がうまく乗り、安定し海流に浮かぶ事になるのです。イカの釣り針を百メートル深く下げても、釣り針は真っすぐ下から揚がってくるのです。

さて、イカ漁は夜が本番ですが、お日様が西に傾いて、そろそろ姿を見せても良い頃なのに、魚探で見ても全く魚影は見えません。本日一回目の漁況交換ＱＲＹ（順序通信）は各船の位置、水温、今の状況（操業中、探索中、パラ泊中）漁況交換を行いましたが、どの船も殆ど漁の報告はありません。

ＱＲＹの連絡は各船ともまだ漁が無く、短いメッセージで終わり、少し暇が出来たのでデッキに出て水深三十メートルで回している四～五台のイカ釣り機の一台を海底近くの百メートルに下げてみました。

「局さんだめですよ、上にいるイカが針について、海底に下がってしまうんだよ」

「なあに、上にイカがいないんだよ。魚探にも写ってないんだ」

すると、「イカだあー」との声。イカ釣り機の見張りをしている甲板員が歓声の大声を出しました。海底に付いていて、昼寝をしていたイカが餌が来たと思い込み、伸ばしたイカ釣り機の針に付いてしまったらしい。

急いで全機の始動を開始しました。私が深くした水深に合わせて回したものですから、隣どうしが絡み合いイカ針の喧嘩です。それにイカが沢山付いて上がって来て、針の切断などてんてこ舞いです。これには私の技術では何もできません。

漁労長が、スタンバイのベルを押して、自分からデッキに降りて来て水深を調整し一台間隔に止めて調整しました。するとどうにか隣同士の絡み合いも無くなり、針の切断した部分の補給も終わり、船員も起きてデッキに顔を出し正常の操業の形になりました。船員は交代で食事をとりデッキに出て来て、

「局長さん、だめですよ。イカをあまり早く起こしてしまっては。一時間も早く起こされてしまったんだよ。次は適当な時間に起こすように頼みます。はっははぁ」

文句を言っているのではなく、大漁はみんな嬉しいんです。ニコニコしながらの褒め言葉です。

夕暮れとなり、各船とも集魚灯が点灯し、海域が大繁華街のごとく変貌しま

す。なんとこの日は八キロケースで四千ケースも獲ってしまいました。いやはや一日半も眠ることは出来ません。食事は交代で取ります。この三十時間の間に前に冷凍してあったイカをパン返し（凍結が出来たイカを冷凍パンから剥がす）、冷蔵ハッチにつみ重ねます。今上がってきているイカは上部デッキから中デッキに流し落とし、冷凍パンに詰め中デッキに積み重ねてあります。

さて、他船の漁はいかがでしょうか。おそらく他船もきっと大漁と思い、無線連絡の時間となったので墨だらけの合羽を脱ぎ、顔のイカ墨を薄汚れたタオルで拭き、無線室に入り受信機のスイッチＯＮ。ＱＲＹ前、各船が互いに呼び合っての連絡も気のせいかお互いの叩くモールス会話も弾んでいるようです。

漁況交換は各船とも好漁の様子で終わり、皆さんもデッキに応援に出て行ったようで、自由交信は無いようです。皆さんオメデトウ。

この様な漁が二日も続けば、漁況交換ＱＲＹの時間に欠席船がでてきます。いくら通信士の皆さんでも、上がって来たイカの整理や、イカ釣り機の針の手入れなどでとても忙しいのです。

連絡時間を欠席した通信士は、一回に付き何かしらの罰金を払う事になっているのですが、何も怠けて連絡に出ないのではなく大漁が続けば仕事の忙しさに疲れ、通信室に入っても眠ってしまい、罰金を取られる羽目になってしまうのです。それでも、殆どの船では漁労長が船の水揚げから罰金を払ってくれているようでした。ああ、よかった、みんな仲良く頑張れます。

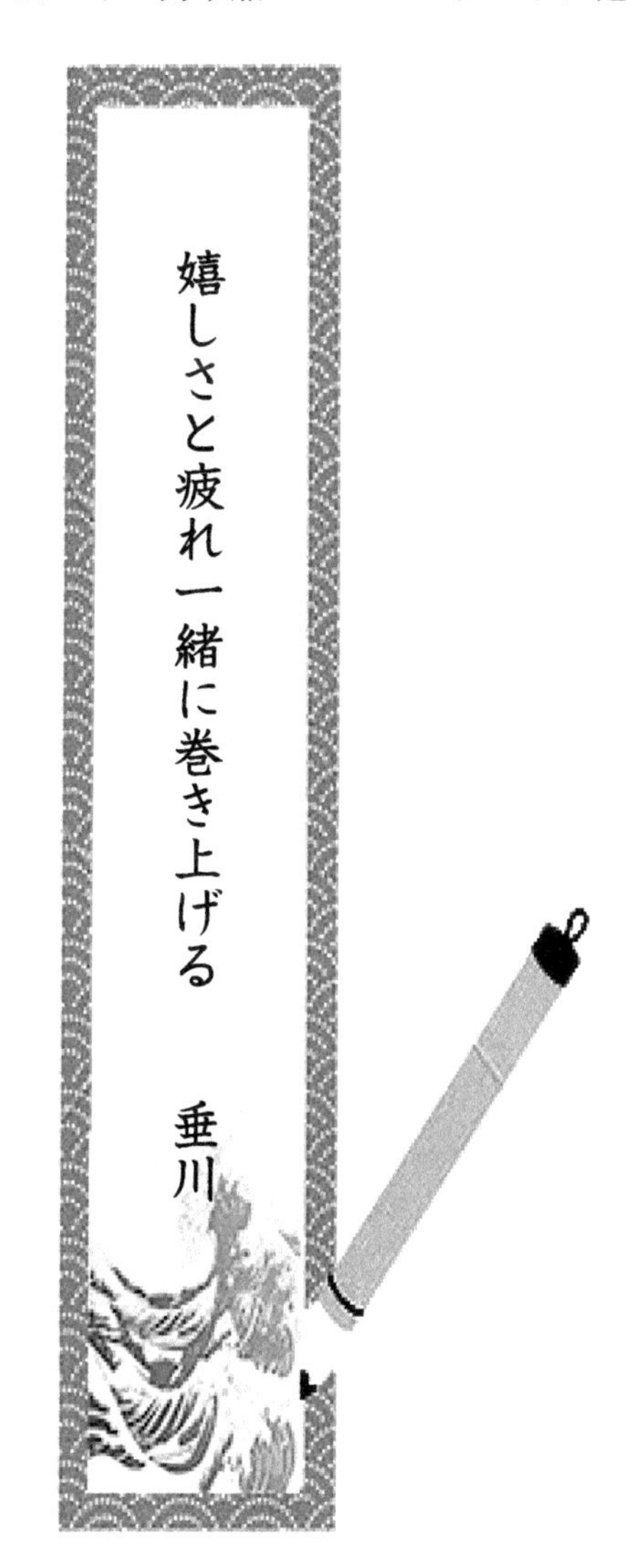

イカであふれる船内（当時の機関長）

11　南米フォークランド海域で大勝負

ニュージーランドで各船とも大漁しましたが、どうも私達人間は欲張りなのです。先年、アルゼンチンとイギリスが争った、フォークランドの海域でもイカを獲る事になりました。ニュージーランド海域での操業も終わり、数隻の船は内地での漁業権の関係で内地にかえる事になりましたが、南米海域に向け、大移動する事になりました。

三百トンを超える船数十隻が、ニュージーランドから数日以内の移動です。あの大航海時代にイギリス、スペイン、ポルトガル船などが通過したと思われる海域、南緯四五度〜六〇度の南極海海域。航海中の見張り、機関部のワッチ以外は仕事なし。体がなまるのを防ぐためデッキブラシで水洗い掃除、フォークランドでの操業のため漁具の手入れの二〜三時間以外は仕事はありません。退屈しのぎに居住区での花札賭博、と言っても日本を出港時に奥さんや、酒場の彼女、知人などの贈り物であるワンカップや缶ビールなどをかけています。負けた人は自分が買って来たせんべいや貰って来たワンカップなどを貰い「どうも御馳走さん」と言って食べたり、貰って飲む羽目になります。勝負の世界はこんな船底でも可笑しげな厳しい世界のようです。

この移動航海中もそれぞれの所属する内地の無線局に航海の安全を一日一回短い文の打電をします。漁船どうしは二回の安否確認の位置、気象などのQRYの連絡をしながら航海を続けます。操業中と違ってあまり気にする必要がないのです。フオークランドが近くなるまで仲間の船影もほとんど見ませんでした。ただ、南極からの流氷はレーダーでも確認が難しく、水面に顔を少しのぞかせているだけですので見張りは厳重にしなければなりません。

白夜の南米最南端、ホーン岬を無事通過。幸い、どの船も流氷に逢った船も無く全船ともフオークランド到着。軽い手続きを終え、到着船順に操業開始です。

操業開始の各船の漁況連絡の漁模様はまあまあ。各船が揃い広く展開すれば、良い漁場も見つかると思われます。本船もニュージーランドでの大漁のため、中積船荷役が遅れて出港しましたが、何とか各船に追いつき、各船の仲間入りする事が出来ました。　いよいよ操業開始。先着船からの注意がありました。

『日本船以外の他国船が同じ海域で操業しているので、注意してください。我々日本船のように、百年、二百年も前から法律にはないルールでやっている常識と少し違う操業をする船もあります。トラブルを起こさないように注意しましょう』

との話でしたが、幸い漁期中の他国船とのトラブルになった船はありませんでした。

早めに操業を初めたK丸の大漁、大漁の連夜の報告がありました。何だかニュージーランドをおそく出港して損をした様な気分になりましたが、ニュージーランドでも大漁だったのに、欲望には限りがありませんね。

本船も操業に入り普通ですと二千ケースも獲れば大漁でしょうが、中には四千ケースの船もあり、さらに良い海域を探して操業を続けます。

そうこうしているうちに、大漁続きで疲れてしまい、K丸は休養をかね、マゼラン海峡のプンタ、アレナスに向かうという事です。

別に私がデッキに出た時K丸の話をした覚えもないのに、その日のうちに船員皆の耳に入り、デッキに出れば羨ましがり、K丸の他にも休養の船があるかどうかを聞きに船員が寄って来ます。どうやら漁労長が食事中に話したらしい。

仕方ないので、「四~五日もこんな漁が続けば俺達だって、休まなければ体が持ちませんよね、きっと休みが来るでしょう。もう少し頑張ろう」と言って慰めていました。各船とも寝る暇もないほどの好漁に恵まれ、順番に中積荷役という展開です。本船も、各船に遅ればせながら一回目の転載荷役も終わり、半日程の休んだような休まないような休憩をとり、漁具の整備をして直ぐ操業に入ります。

漁場に到着すると、各船の漁模様は一日一〇〇〇ケースと好漁のようでした。

何と言っても、イカ漁では本船は常に日本有数の大漁船の評判をとっている船。

各船の海域から少し離れた位置にパラアンカーを入れ操業開始。まだ日も高いのでゆっくり食事をとり、一台間隔に釣り機を稼働させます。

「なんだー、これ。来るぞう」

漁労長の独り言のようなブリッチでのツブヤキが聞こえます。

一回目QRY（順序通信）漁況交換では「まだなし、かたちのみ、皆無、調査中」などだけです。二回目のQRY。各船は〔一〇〇～三〇〇ケース〕の報告です。この時本船は、皆さんお気の毒という程、五〇〇～六〇〇ケースのメッセージとなりました。これを聞いてまだ操業に入っていなかった船がそばに来て操業にかかりましたが、不思議とその船の釣り針にはイカがついてこないのです。本船は新造船で女ぶりが良く、別嬪さんなのでイカが惚れてよそ見などしないで本船に付いて離れなかったようです。

女ぶりの良さが功を奏し、この日は四〇〇〇ケースに近い漁獲で疲れ切ってしまいましたがこれで終了とはならないのです。パン返しと言って冷凍パンから凍結の出来上がったイカを離し冷蔵ハッチに移した後に、中デッキに積んである生イカを急速冷凍室に入れ替えなければなりません。

凍結庫に入れ終わったあと、食事もそこそこに作業服を脱ぐ時間も勿体なくてそのままベットにもぐり込む者など睡眠をとる時間で忙しいのです。

こんな日が数日続くと、あの船、この船と休養のため、ウルグアイのモンテビデオに向かう船が出て来ました。本船も大漁の荷役を終えた後、モンテビデオで休養する事にしました。

記憶は薄らいでしまいましたが、モンテビデオに向かっていたY丸船が大きい氷山に遭遇したという安全通信がありました。多分、パタゴニアの高地から流れ下ってきたものと思われます。

モンテビデオに到着すると水先案内人（パイロット）が乗り込んで来ます。パイロットの指示に従いスロースピードで入港し岸壁に接岸。港の役人の簡単な取り調べのあと、検疫役人による聞き取り調査などを経て、代理店の人が乗り込んで来て出港時の食料、燃料の注文を受け、乗組員の必要な小遣い、今晩の宴会の手配の話を受けて満足げで帰って行きます。

『あなたはスペイン語やポルトガル語が話せますか？』

などという質問は野暮というものです。手振り足真似という世界共通語があるではありませんか。まったく心配ありません。それにしても、国で留守を守る家族が心配しているかも知れませんが「その点」については心配不要です。誰が何と言っても国の妻子は一番愛しい人達なんですから。

さあ、日没が迫って来ました。血気盛りの若者、いやいや、四〇代後半の昔の若者だって山が海に映ると言うモンテビデオ。そんな山など見ている余裕や暇はないんです。

船の留守番をしてくれる機関長と甲板員一人と新米船員コック長を残して皆上陸開始。生まれて初めての南米大陸にコロンブスやバスコダカマは我々とは違った気持ちで新大陸に上陸したでしょうけれども。

私たちはウルグアイ国民と仲よくしたい。中でもウルグアイの美女たちに迎えられ、酒に酔いたいのです。景色などには興味が無いのです。代理店の方に紹介された飲み屋さんの人の案内で酒場に到着。

我々野卑に満ちた海の男を迎える港の酒場は、どこの国も同じようです。安物の衣装？できらびやかに着飾った女性のお出迎えを受けます この国の女性達は素晴らしい。何時どのようにして日本語を身に付けたのか、片言の日本語ではありません。日常会話は全く不自由なく通じました。彼女たちは、飢えた海の男達からお金を巻き上げるために、勉強したのでしょうか。私などは、中学、高校と英語を習って来たのにほとんど話せず、恥ずかしくなりました。

また、この国の人達は男女に係わらず、日本人に風貌が似ていて親しみを感じます。代理店の日系の方の話によれば、蒙古民族の血を引く日本人と同じ血統を持っているらしいとの事でした。

酒場に入り、それぞれ席に着き女性達のねぎらいの言葉や、くすぐったいようなお世辞に踊らされたのか、ワインやビールなども進み、すっかり大和魂を抜かれてしまいます。

お酒が進むにつれてカラオケも始まり、日本のカラオケがかかりました。前奏に載せられ唄うと現地の女性も合唱してくれ、いよいよ盛り上がります。私も少しは知っている曲「北酒場」を女性達が歌い出しました。この南の国で正調北酒場を聞けるなんて…、全く楽しい一夜でした。

異国の女性、男性に関わらず、何の未練も無くすがすがしい別れも出来ました。二泊三日の休養で晴れ晴れとした気持ちになり、燃料、食料、清水の積み込みもＯＫです。

イギリス、アルゼンチンの紛争海域・フォークランド向け南下を開始します。内地向けの電文メッセージは、「モンテビデオ現地時〇九〇〇発南下中変わりなし」です。

毎日当番船が、各船の内地向けのメッセージをそれぞれの海岸局に送っているのに、この日はＡ丸のメッセージがありません。何か事故でもあれば、それなりの電報があるはずなのにと不思議に思い、当番船Ｃ丸に周波数の切り替えを頼み、様子を聞きましました。なんと、アルゼンチン、イギリスの紛争海域の操業でアルゼンチン領海内操業の疑いで、アルゼンチン警備艇に拿捕されたとの事です。

こんな事件には、船団を組んでいても、私達漁船員には何の力もありません。『拿捕には注意しましょう』と言い合っていてもどうにも出来ないのです。パラシュートアンカーをやって船が停止漂流している形での操業ですので、銃を持って官憲が乗り込んで来れば逃げる術がないのです。

逃げても漁船では警備艇のスピードに抗することは出来ません。おとなしく警備艇に運命を任せるしかありません。

その後はこの様な国際紛争に巻き込まれることも無く、各船とも眠る間も惜しみ、大漁に大漁を重ね、船腹の喫水線を考慮しながら中積転載をしつつ、内地に向け帰港準備の操業です。

間もなく十月、漁切り上げ準備です。そう、三〇〇〇〇ケース程で船腹八割ほどになり、帰港中時化に合っても十分に船を支えれる積み荷です。

「さあ、帰るぞ」

漁労長の一声で操業を終へ、収獲したイカは中デッキに流し込み冷凍パンに整理します。デッキでは釣り針を巻き収め、イカ釣り機の流しを巻き上げます。ブリッチでは船長がブラジルのレシフェ向けのコースをたて距離を測ります。

南米最大の大国、ブラジルに向け北上開始。ブラジルの皆さん、新鮮な食料補給お願いしますから宜しく。

無事めぐる丸い地球の西東　垂川

豊漁でデッキに溢れるイカと船長（当時）

12 ブラジル、パナマ、そしてハワイへ

初めて見る港、ブラジルの東岸レシフェにあと二日後に到着予定。入港するとどこの国の港でも、港の役所と代理店の方々がやってきて、不法なものを持っていないかチックします。その点、日本の漁船は、何も違法なものを持っていないと信用しているのでしょうか、簡単な取り調べで済み、すぐ燃料、食料の補給に入ります。矢張り、初めて来ればその国の国民と話してみたいものです。なかでも私達魚船員は、朗らかな南アメリカの明るい女性と酒を飲み、会話を楽しみたいのです。

あれっ、何だ？　明後日レシフェに入港予定の夜。それにしても変な船が沢山レーダーに映っている!?　ブラジルの沿岸漁業の、話を聞いたことはなかったが、どこの国でもこの頃はいろいろな産業に力を入れているので、沿岸漁業の船も多くなったのかも知れないとブリッジで会話をしながら、スピードを落

とし、船と思われる物体の近くに寄ってみますと、何の事はない、ブラジルの海底油田のやぐらでした。入港後、代理店の方にその話をしますと、「はっははあ」と笑い、「まだ、本格的ではないが、ブラジルも日本向けの石油輸出国になるかも知れませんよ」と。

漁場から十日、退屈しのぎに少しづつのペンキ塗りをしながら、まだら模様のお化粧船体の入港になりました。入港手続きは簡単に終わり、皆さんブラジル土産を買うために街に出ましたが、珍しい気に入った物も無かったらしく手ぶらで帰ってくる人が多かったようでした。

初めて来たどこの港でも、昔から馴染みであった様にニコニコ顔で酒場の若い女性が夜の巷に誘いに来ます。長い間女性の顔を拝んでいない海の男たち

に、ニコニコしながら近づいて来るので本当に困ります。この日本の一八〇度裏側の街に父親のいない二世を残して帰るなんてできない相談です。強い誘惑を振り切って私は船番をする事にしました。

「オペレーター、船に残ってのワッチですか？　これどうでしょう、ブラジルの名酒でもお土産に」

岸壁に車を止めて、物売りの二世と思われる男が乗り込んできました。

「これなんですか？」

「ブラジル特産の焼酎ですよ」

名酒かどうか分からないのに、一リットル瓶を二本買わされてしまいました。

夜も更けて、買い物袋を提げてぽちぽち船員も帰ってきます。食堂のテーブルに置いた焼酎を見て。

「誰れ、こんな焼酎を買ったのは？」

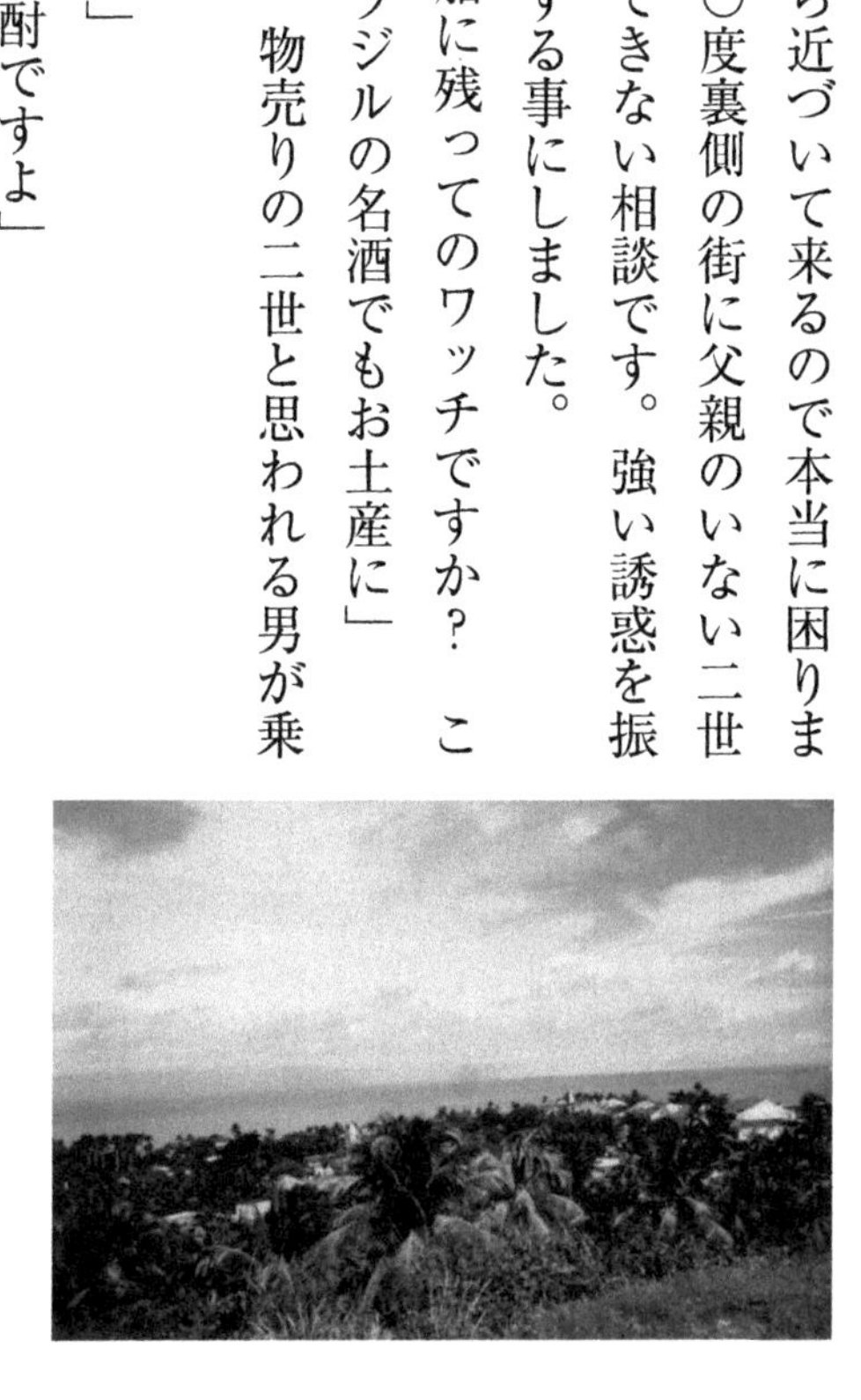

「おれだけど」

「酒の味を知らないやつが、何でこんな焼酎なんか買って。局長も馬鹿だね。本当に馬鹿だなあ！」

「安いから買ったけど」

「まあいいさ、局長は金持ちだからブラジルに金を撒いていくべし。ブラジルのペソなんか持って帰ってもどうにもならんからなあ、来年は半分以下になってるべから」

ブラジルの「通」から笑われても捨てることもできません。子供のお土産と一緒にベットの奥に押し込んで、明日のレシフェ出港に備え眠りにつきました。

レシフェへは、現地時間一〇時に出港。航海ワッチ以外はベットの毛布に包まりいびきを掻いています。明日からはペンキ塗りのためのさび落とし作業が少しあるだけ……。

私の仕事は八戸海岸局の短波の通信時間をワッチ、八戸の各船宛の通報があれば受け取り、それぞれに中継転送することと、ＱＲＹ通信で各船の位置、コース各船の無事と海況を交換し合うだけです。

そうそう、パナマまでは一〇〜十一日かかる予定です。今日はアマゾン川河口付近を航行していますが、陸地は見えません。少し退屈している私たちを慰めに来た海鳥、それでもすぐに退屈になったのか、船の舳先を回ってどこかに去って行きました。海鳥が去った後に代わって私たちを慰めるつもりなのかイルカ数頭が伴走しています。別の海鳥も船の前後を飛び回ってお別れでしょうか。記念の餌を貰えないイルカ達は、見切りをつけて去っていきました。

退屈しながらも船は進み、カリブ海に入りカリブ海を西に進みます。穏やかな海ですが、この海だってハリケーンという嵐の生まれる海なのです。気象通報を受信してみますと、二つばかりハリケーンの卵があるらしいが、本船の航路からは外れているようです。穏やかに思える海でも、嵐もあれば、穏やかな凪もあり、何億年も経て動植物を生かしたり殺して来たりしたのです。

ハリケーン？　竜巻？　遂にやってきました。竜巻にしては、少し広い、ハリケーンにしては小さい、デッキを数十分洗い流し、船にこびりついた大西洋の塩を洗い流して去って行きました。

まもなくパナマ、船舶電話で船主と連絡、入港手続きを頼み、大西洋とのお別れの準備も完了。

パナマに到着し、運河通過は二日待ちとかでのんびり過ごすことになりました。街に出て見ると、運河利用船は日本船が多いらしく、男も女もなんとなんと日本語が上手なのです。

このころ、ノリエガ大統領がパナマ運河の国有化を宣言したことで、アメリカなどの反発を買い、それにパナマ国民が反対、賛成のデモ行進などで不安定な状況という。港から案内に付いてきてくれた現地人と話しながら酒場に入る事になりました。

後でよく考えると何のことはない。デモの危険を悟らせて酒場に誘い込む作戦だったようです。案内の人たちはバーの人との共同作業を行っていたらしい。長い禁欲生活を見ぬいての作戦でしょう。「港、港に女あり」全世界共通の風俗、習慣かもしれないですね。ある、調査によれば、世界で最初の産業は「風俗業」だったと報告されていますから。

「ごめんなさい。船乗りの全ての奥様方、船乗りの恋人さん、私達の理性を上回り、人間の煩悩・浮気心を起こさせる元気な体のサインに抗することは不可能に近いのです、留守家族の方々ごめんなさい……」。

本日はいよいよパナマ運河を通過します。。船は、大きな水槽に入り、その水槽に水を流し込み、上の水槽に船が移動出来る水嵩にして次の水槽に移ります。船は右左に揺れて水槽の縁に当たらない様両舷を気動車がワイヤーで支えてくれます。別段これといった障害もなくパナマ運河通過。これより進路は西、日本に向かう前に少し寄って休んでみたい島があります。

そう、ハワイです。パナマ通過後は凪に恵まれ、順調な航海を続け、常夏の島ホノルルに入港しました。ブラジルよりも日本語が通じやすく、日本がより近くなった感じがします。現地の二世、三世の人たちが乗り込んで来て、ワイキキの案内をしてくれることになり、まず免税店で、ウイスキーなど郷里の呑兵衛仲間に土産を買うためふところと相談します。相談の結果、アロハシャツの購入もOKとなり、案内をお願いしました。

ワイキキの浜辺に到着すると、どこからどこまでがワイキキの浜辺か分かりませんでしたが、付近の屋台店みたいな店屋さんでアロハシャツを買い求めました。ハワイの景色や観光地は国に帰りたい気持ちが先立っているせいでしょうか余り気乗りがしません。でも家内に土産の女性用のアロハを買い足して今夜も船番をすることにしました。

真夜中までに乗組員もボチボチ帰ってきて低い声で話し合っています。周りに気遣っての低い声が却って気になり、聞き耳を立てる結果に先に帰って来た船員は眠られなかったようでした。

現地時間、朝九時には、一夜の恋を過ごした船員も無事に帰ってきました。船員室の各自買い物もベットの片隅に片付け、出港準備も万端ＯＫ－。

あこがれのハワイ航路を逆コースに進みます。私の漁業通信は各船との日本向けの安全航海確認を日に二回連絡、内地も近くなり中短波帯の通信も楽になり、八戸漁業用海岸局との連絡もスムースになって時間の許す限り八戸漁業用海岸局の時間帯の周波数を聴取することにしました。

フォークランド海域の操業を終へ、同じに航海している各船の通報を受け取り、中継することにしました。

各船とも順調な航海を続け、一隻二隻とそれぞれの母港に入港しているようです。

帰りのコースをパナマでなくチリの沿岸水路を選び座礁した船もありましたが大事に至らず、各船とも無事内地寄港できたようで目出度い事でした。

本船も無事入港、船主および、取引先、お得意さんからお祝いの酒が一升二升と届けられます。

甲板長が先に酒の封を切って酒盛りとなりますが、矢張り家族に会いたいので皆それぞれ酒盛りを早々に切り上げ、洗濯ものを抱えて上陸。お迎えの車やタクシーを呼んで帰っていきます。荷揚げは二日後から行うとの事で私も遠い我が家に帰れます。「ああ無事に帰れて良かった」。

冷凍イカを購入した業者さんの都合もあって荷揚げ日も間隔が開く事もありましたが、一週間ばかりで終了となりました。後は清算を終えれば、船主から「ご苦労さん」と言う宴席が設けられ一漁期終了し解散となります。

各船それぞれ、清算が終われば通信士達の反省会が行われます。別段面倒なこともなく、ただ、酒を酌み交わして笑い合えば好いだけですが、アルゼンチンに拿捕されたC丸の通信士の報告によれば、昔アルゼンチンに渡った一世、その子の二世の人たちがしっかりとその国の法を守り、アルゼンチンのために一生懸命に尽くしておられたので、取り調べは優しくなり、先人達の善行に感謝したとの事でした。同じころ他国の拿捕された船の取り調べは厳しいものだったそうです。
　百年ほど先人の善行が今も生きていることに感謝、感謝のようでした。今は経済的に優位な国であっても、何時その国のお世話になるか分かりません。お互いに優しくし、大事にしなければと報告されました。漁船での体験以外は秘密にしておきます。

大漁で眠らぬ苦労を語る幸　垂川

大漁だったイカ釣り船の漁具も一休み

終わりに

この航海記は、思い出し思い出し書きましたが、何しろ五十年以上も昔の事、間違いや、記憶違いな事も書いているかも知れません。文中の川柳は、その時々の思いを読んだ自作の作品です。

改めて我が人生行路を振り返ってみると、つくづく波瀾万丈の人生をよくぞ生きぬいてこれたものだと思わさせます。そして、これまで幾人の方々にお世話になったことだろうかと痛感もさせられました。全てのご縁を頂いた方々にただただ感謝しかありません。

最期に、本書の出版にあたり、校正や編集にご尽力いただいた鈴の会（自分史の会）の皆様とりわけ同級生の戸来さんに感謝申し上げるとともに、私を支え尽くしてくれた妻と家族にこの欄を拝借し感謝申し上げます。

令和2年1月吉日　　　著者記す

通信マドロスさんの人生航海記

～漁業通信士として世界の海に～

令和２年３月１日　第１刷発行

ISBN 978-4-909825-13-1

定価 1000 円＋税

著　者　　藤村 與蔵

発行人　　細矢　定雄

発行者　　有限会社ツーワンライフ

〒 028-3621　岩手県紫波郡矢巾町広宮沢 10-513-19

TEL.019-681-8121　FAX.019-681-8120

印刷・製本　有限会社ツーワンライフ